許安琪．邱淑華／著

序一

有三件事是我每年開創意概論課程必要求學生完成的功課：一是看電影「男人百分百」（What women want）；二是讀書《誰搬走了我的乳酪》（*Who moved my cheese?*）；三是去逛街"window shopping"。

這三件事乍聽十分容易也很有趣，但想要眞正過關卻必須具有創意人的特質——內省力（inside）和洞察力（insight），也就是去發現自己是否能像梅爾吉勃遜一樣敏銳傾聽消費者的聲音，是不是能像老鼠一樣洞悉改變，抑或是否能時時掌握趨勢。

因爲，創意無遠弗屆！

因此，這本書從第一章「天生我才必有用」開始，就讓讀者先檢視自己的人格特質、生活和思考習慣是否具有創意人的基本能力。分數的結果可能讓許多傳統思維模式的人立即否定自己，但是在瞭解廣告創意所具有的藝術性和策略性，並且認識廣告創意人的角色與任務後，此書打開生命的另一扇窗，其實廣告創意是可以靠後天有計畫訓練而成的。

第二章「點石成金」，突破一般人既有的認知：創意就是點子的表象思維。第一節首先闡明創意、創造力和點子的內涵與異同；第二節再針對廣告創意的學術定義作清楚的說明與闡釋，尤其廣告創意應是結合廣告目標、廣告策略與廣告表現三者；廣告創意的任務需要達成的是溝通，第三節中藉由心理學與生理學的概念切入，明瞭如何做創意的深度感官溝通；最後，打破創意是信手拈來的迷思，有計畫地經營和管理創意是成為創意人必修的課程。

第三章和第四章為方法論，分別就「創造性思考」和「策略性思考」的產出訓練和方法加以說明。前者著重生活創意，即藉由五感（眼、耳、鼻、口和皮膚）體驗環境，打破習慣領域的思考桎梏；而後者則藉管理和行銷等領域之系統方法運用於廣告創意。

第五章和第六章為執行面。廣告創意最為可貴且重要的部分即為此。如何將一個偉大的創意策略透過平面（報紙、雜誌、戶外T霸或酷卡等）和立體（電視、廣播或是網路）呈現在閱聽眾面前，再加上新興媒體創意，以便達成加乘的效應。

當然，創意並非天馬行空、只要我喜歡有什麼不可以，廣告創意必須是有控制性的創意（controlled creativity），第七章和第八章分別就創意評估的準則和創意人素養的問題加以深入探討。取材自許多廣告公司建構的評估標準，從創意人自評和閱聽眾角度，客觀且宏觀的讓創意可以達成真正的互動與溝通。再者，創意人在創作與倫理法規中兩難掙扎，如何取得天秤足稱是一門大學問。

好的廣告創意，在賣給消費者之前，如何取得客戶（廣告主）的青睞順利產出端賴「提案技巧」。第九章提供提案前演練的方法、準備工作和心理建設，提案中注意事項和小技術，提案完成後的詢答應對等等，讓成功提案為創意加分。

最後，「動手玩創意」闡述了「創意就在你身邊」的巧思。蒐羅了十個生活中創意觀察作為示範，讓讀者充分明白生活創意的真諦。

感恩私語

二○○四夏天，我又完成一年一書的夢想！

心中感念的話竟百思不得創意，只因感恩的人一直長存心中。先父的庇祐讓我匯集寫作的力道；母親的無怨支持讓我沒有寫作的壓力；外子的呵護讓我有充足的寫作養分；而我的四個姊妹更是我取之不盡、用之不竭的靈感泉源。

我的生命中屢逢貴人相助，郭所長良文的不吝提攜，邱老師淑華的大力協助，以及揚智的富萍和怡華，才得以完成此書的出版，心中滿溢感恩之情。

許安琪

序二

這是我第一本書，也是跨領域的第一步！

教授「企業公關與創意活動」和「企業管理」多年，總覺得無論是傳播或是管理領域的人都有共同的需求，那就是「創意」。因爲，太感性的傳播人與偏理性的管理人都陷入一種「創意迷思」，前者過度的無限上綱，而後者則是幾乎歸零。

創意，其實應是臨界於兩者的灰色地帶——創造力需有策略爲後盾。這也是這本小書的目的：有控制力的創意可以信手拈來執行。

安琪和我在進行這本書時，也正呼應感性（安琪的專長是廣告）和理性（我則是管理出身）的兼容並蓄，也希望從整合水平和垂直思考（如第一章所言）去發現創意的無遠弗屆（第十章）。

感謝安琪在寫作過程的傾囊相授，讓我的第一步踏得穩健，一向不善於表達感恩的言詞，但卻點滴在心頭！

邱淑華

目錄

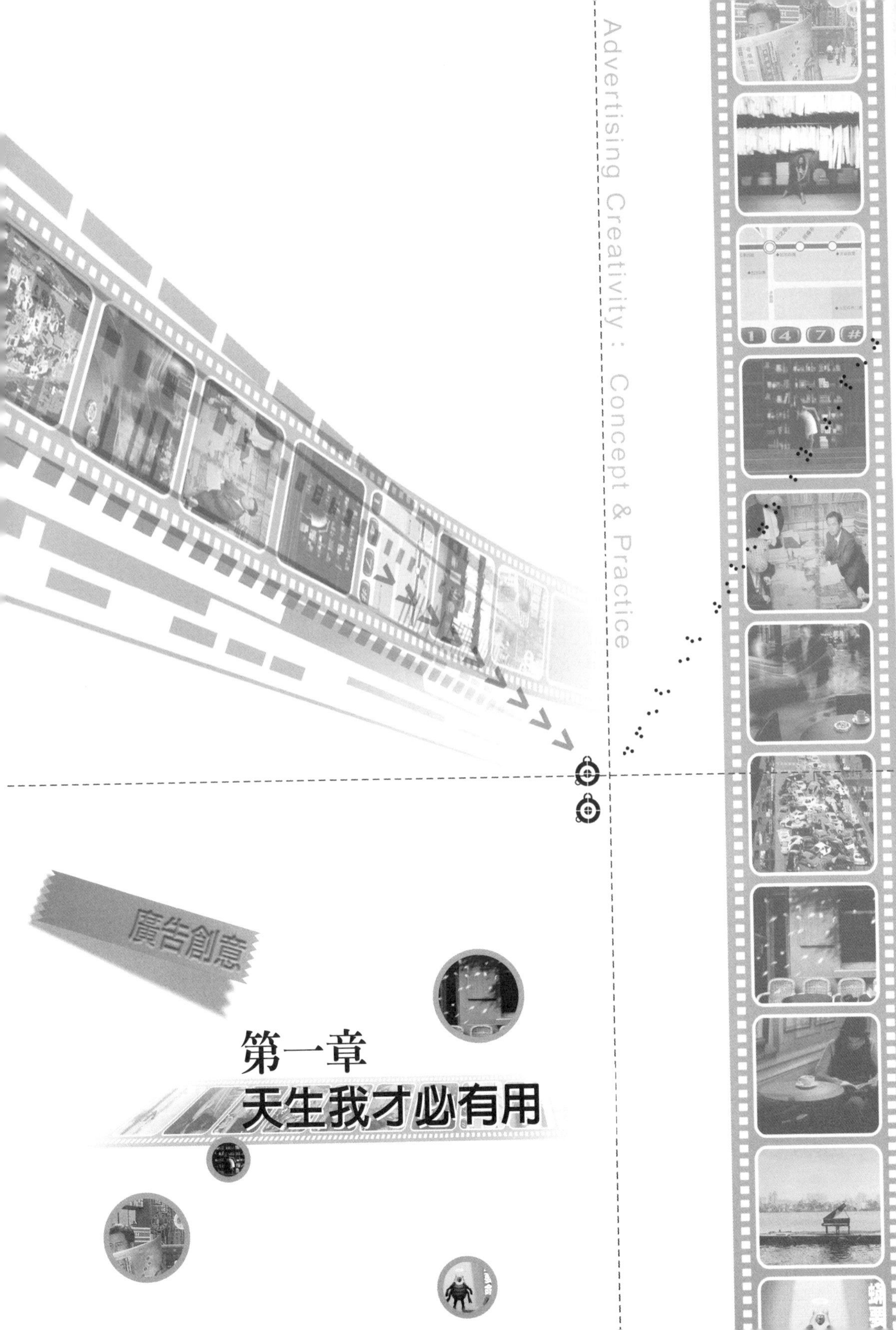
Advertising Creativity : Concept & Practice
廣告創意
第一章
天生我才必有用

發明家愛因斯坦曾說：「我沒有特別的天賦，只有強烈的好奇心。」而霍夫曼（Paul Hoffman）曾說過：「思考是世界上最艱難的工作，而世界上沒有任何事物比競爭更能激勵思考。」

創意，是結合幻想與邏輯的具象和抽象世界；也是偶然靈感和系統化思考的交會。一九八〇年代以前，創意的來源被歸爲幻想、靈感和偶然機會的運氣，無法作爲創意思考的主要憑藉。以生理心理學的觀點，創意大多是天生遺傳的右腦發展；然而八〇年代後期，科學化打破前述迷思，創意是可以培養和訓練的，創造性思考則是一種潛能激發和慣性練習的過程，右腦的強化作用加上左腦的系統化開發，則可造就創意思考的泉源。

有用的創意思考可以加以訓練和學習，如同鑰匙的助力，打開問題之門，而創造性思考的方法提供思考的線索，多元化解決問題。創造性思考在廣告中的任務是問題解決（problem-solving）的效力和效率，創意和廣告的目的是相同的——都是目標導向型（goal-directed）的思考。本節主要的目的是透過瞭解而掌握創意思考的過程，選擇最佳思考方法，輔以廣告創意思考的原則，爲廣告人打造開啓創意思考之鑰。

心理學家對個人思考問題尋求答案的方式，以垂直思考法作爲觀察的結論，即每個人依循慣用的邏輯路線探求答案，一個問題找一個答案，非黑即白的思考模式，阻絕了各種「可能性」。而日常生活中的種種經驗和人際關係，卻非以對錯二元論斷，因此，個人化的思考訓練即是朝多元思考的角度著眼。討論個人思考方法前，應注意爲自我創造性思考做暖身培養：第一步應是讓自己打破習慣領域，改變是創意的基礎，小至生活的彈性調整，大至行爲的轉換，都是重要指標；大量閱讀也對啓發個人思考有所幫助，資訊獲得愈豐富，思考面向愈多元；擁有夢想和保持赤子的好奇心是啓發創意的泉源，持續地努力和行動，誠如Nike運動鞋的 slogan——“Just do it！”，則個人思考訓練的達成必能如媚登峰瘦身美容的“Trust me, you can make it！”。

你適不適合做創意？（創意人格特質測驗）

創意過程（creative process）是一個發現獨特觀念，並將現有概念以新的方式重新進行組合的循序漸進過程。遵循創意過程，人們可以提高自己發覺潛能、交叉聯想和選取優秀創意的能力。新一代的廣告創意人將面對日益複雜的環境，在協助客戶與高度區隔的目標市場接觸及建構關係的過程中，必須面對的挑戰更多——媒體零細化趨勢、淘氣消費的現象、新興科技的多元發展，以及國際化和全球化的風潮等。因此，更需要建立一套能夠在許多不同環境中輕鬆操作的作業流程或是模式。

一、創意人的角色

一九八〇年代，Roger Von Oech提出的創意模式，認爲每個創意人員不管是文案或是設計，在創意過程中都扮演不同的角色（four roles in the creative process）：探險家（explorer）、藝術家（artist）、法官（judge）和戰士（warrior）。

(一)探險家：蒐集訊息

在創意的初期必須有探險家的精神——仔細研判、蒐集資料並轉移問題的焦點。因爲創造廣告訊息需要經過解碼的過程（the encoding process），文案或設計人員需要構思創意的素材，包括事實、經驗、史料、嘗試和感覺等，所以扮演探險家的角色，提供創意人員從瞭解自己所掌握的訊息下手，仔細檢查創意目標、行銷策略、廣告目標和產品、市場屬性和競爭態勢等，並且也從客戶端找尋更多的資料。

創意人員在扮演探險家角色時，必須擺脫常規、開拓思路（develop an insight outlook），發現不一樣的思維。大多數創意人員都有習慣收藏得獎廣告作品集，建立自己喜愛的廣告檔案資料，開發自己的思路。

探險家的特質應該是擺脫自己專業的領域、綜觀全局、不怕迷路、改變焦點、將承諾移植到新的領域上。

(二)藝術家：構思並完成大創意

接著以藝術家抽象思考的特質，嘗試將訊息發展成一些新的想法和可能性，打破常規，由負轉正逆向思考。藝術家兩項工作必須完成：尋找創意並實踐。此工作主要是將探險家蒐集的相關資料咀嚼後分析問題所在，並且尋找關鍵性的視覺和語文表現〔即形象化（visualization）或概念化（conceptualization）〕來傳遞需要說明的內容。此工作在廣告創意的過程中非常重要，也是找出有洞察力的大創意（big idea）所在。

大創意必須以大膽創新爲主軸，加入產品利益與消費者欲求的行銷策略，並以新鮮主題吸引閱聽眾停看聽。廣告的大創意都是由美術與文案完美組成。大創意的實踐也是藝術家的重點，在廣告中藝術家將訊息塑造成完整的傳播型態——透過圖像、文字與音效等，將所有元素組合成深具說服力和感動人心的訊息傳遞給閱聽眾，進而使其成爲消費者。

(三)法官：決策關鍵

法官具有仲裁和定奪的雙重角色，可以評估創意（evaluate the

idea）方向的正確性；且可決定如何行動（decide what to do）——工具的使用（implement）、修正（modify）和適時捨棄（discard）。

創意人判斷大創意是否可行和是否需要修改或放棄等，就必須扮演法官仲裁客觀的角色。法官的工作就是協助產生好的創意而非扼殺藝術家的想像力。因此評估創意時就必須審慎的解決下列問題：創意是否眞具有獨特銷售主張？是否有個人主觀想法在其中（如文化偏見等）？創意在執行上是否有障礙點？以及創意的風險性——與銷售量直接攸關。

(四)戰士：戰勝艱難、克服障礙

最後，必須具有戰士的行動力，容忍挫折，貫徹執行。戰士精神是驍勇善戰、愈挫愈勇。因此創意人員必須和公司內部的團隊經過一番善意且對事不對人的激烈溝通後，共同應對客戶需求，說服客戶接受創意並協助客戶在市場戰中致勝。

獲得客戶認可是戰士角色的任務之一，執行工作也非常重要，確保廣告活動在預算內執行完成，並兼顧質與量的完美呈現，創意人員在此同時轉換多重身分——藝術家和法官的角色，都是戰士勇者的最佳表現。

二、創意人員的人際風格

有一些小測驗可以作爲創意人的自我檢視，第一份量表是根據美國南加大統計科學研究所與科羅拉多大學行爲科學研究所，共同研究出一套人才領導特質診斷工具（PDP, Professional Dynamic Programs），把人的個性傾向分爲四種本質：支配性（dominance）、外向性（extroversion）、耐久性（patience）和遵奉性（confirmity）。根據這四種特質的強弱組合，可用五種動物來象徵一個人的個性——老虎（富冒險性、爆發力強、喜歡獨攬大權）、貓頭鷹（重視制度、強調架構、要求完美精確性、冷靜而理智）、孔雀（善於塑造願景、外向、樂於溝通、有說服力）、無尾熊（安內型領袖特質、重視和諧氣氛、喜好和平、善於聆聽）和變色龍（應變力極佳、善於自我調整、處世八面玲瓏）。在廣告團隊複雜的作業中，充分瞭解自己與周遭同事的優缺點，能因此而產生良好的人際溝通，甚至能激勵大家願意朝向同一方向努力。舉例來說，具有老虎性格的人很適合擔任廣告AE，但對廣告內部行政或財務文書的工作可能會備感痛苦；相反的，屬於貓頭鷹個性的人，很適合做行政工作，而公關發言人的角色則是孔雀型的人較能如魚得水。

此份量表旨在幫助我們「把對的人擺在對的位置上」，不同的人適合不同的工作形態，也有不同的好惡與行爲模式，透過此量表可以找出最佳方式和激勵方法來鼓勵廣告人，產生良好效果。

而第二份量表旨在瞭解自己創造力的潛力與習慣；第三份量表則是瞭解自己的思考習慣，期能藉此有系統的掌握自己思考路徑，作爲創意產出的資料庫。這種人類思考的方法是根據生理上的人腦結構，左腦是語言區，控制語言、寫作，也是邏輯思考的區域，類似收斂性思考以及垂直思考；右腦是非語言區，控制情感、直覺。左腦的思考是直線且連續的，右腦是情感的並操作複雜的印象。根據上述，右腦是創意思考的中心，視覺思考和意象是創意的基礎，也是直觀和靈感的來源。

量表一　人際風格

說明：以下各欄均有四小項，每一小項有兩個關於個性的說明，依符合您個性的程度分別予以7、5、3、1評分，7代表最接近你的個性，依序類推（每一欄中都要有7、5、3、1各一）。

	個性的描述與說明	自我評分（7、5、3、1）
A	1. 堅定、固執	
	2. 有說服力、善表達	
	3. 溫和、文雅	
	4. 謙虛、容忍	
B	1. 喜歡冒險、膽大	
	2. 團體中活力的來源	
	3. 節制、穩健	
	4. 嚴格、考究	
C	1. 有決心、有決斷力	
	2. 使人心服、善於遊說	
	3. 善良、和諧	
	4. 謹慎、小心	
D	1. 有競爭性、有進取心	
	2. 頑皮、開朗	
	3. 親切、誠懇	
	4. 順從、善思考	
E	1. 堅持、有魄力	
	2. 樂觀、好玩	
	3. 寬大、仁慈	
	4. 正確、準確	

資料來源：美國南加大統計科學研究所與科羅拉多大學行為科學研究所之DDP。

量表二　創造力特質

說明：用下列的人格量表分析自己。這不是一項科學實驗，它的目的是要讓你思考並瞭解自己是否具有創造力的特質。一個具有創造力特質的人並非擁有下列所有特質，但是許多具有創造力特質的人在測驗結果中得到高分。

1. 我懷疑我所聽到的。	＿＿＿＿＿＿	我相信我自己聽到的。
2. 我不會注意到我周遭所發生的事情。	＿　＿　＿	我會注意我周遭發生的事情。
3. 我對事情很容易不耐煩。	＿ ＿ ＿ ＿	我對事情很有耐心。
4. 我對任何事情都不感到驚訝。	＿ ＿ ＿ ＿	我對任何事情都充滿好奇與求知欲。
5. 我經常旅行。	＿ ＿ ＿ ＿	我不常旅行。
6. 我喜歡看電視。		我喜歡閱讀。
7. 我有一些很奇特的朋友。	＿ ＿ ＿ ＿	我的朋友都和我很像。
8. 我喜歡事情要按照計畫去做。	＿ ＿ ＿ ＿	我喜歡隨興去做一些事情。
9. 我是一個獨立思考的人。	＿ ＿ ＿ ＿	我相信朋友所給予我的意見。
10. 我喜歡和團體相處。	＿ ＿ ＿ ＿	我喜歡獨自一人。
11. 我具有自信。	＿ ＿ ＿ ＿	我具有自我意識。
12. 我比較害羞。	＿ ＿ ＿ ＿	我比較勇敢無懼。

13. 我喜歡驚奇發生。	________	我想知道到底發生了什麼事情。
14. 我是一個做事謹慎的人。	________	我喜歡不期而遇的事情
15. 我喜歡混亂的局面。	________	我喜歡規律的局面。
16. 我是謙虛的人	________	我對於我所做的事情很有信心。
17. 我不會考慮他人的想法。	________	我會考慮他人的想法。
18. 我比較嚴肅。	________	我較具玩性。
19. 我會穿著具有個人風格的衣服。	________	我會嘗試穿著流行服飾。
20. 我不是一個很有趣的人。	________	我是一個很有趣的人。
21. 我相信自己的直覺。	________	我相信我的邏輯判斷。
22. 我從不作夢。	________	我可以記住我的夢境。
23. 我常做白日夢。	________	我很少做白日夢。
24. 當我在閱讀文章時，我會記得其中的文字。	________	閱讀時我會記得版面的設計。
25. 我善於交際應酬。	________	我比較孤僻。

資料來源：改寫自 S. E. Moriarty, Creative Advertising一書。

量表三　檢查你的思考習慣（左右腦理論問卷Left / Right Brain Orientation）

1. 在戲院、教堂、禮堂中，你通常選擇坐在：
   A.右邊　B.左邊　C.中間
2. 在你思考的時間，你的眼神通常會：
   A.看左邊　B.看右邊　C.直視前方
3. 你認為自己：
   A.較外向　B.較內向
4. 你的工作習慣傾向於：
   A.日狗子　B.夜貓子　C.日夜均衡
5. 下列各型特質中，請選擇四個與你最接近與最不貼近的特質，並分別以G和D表示：

A.控制時間	B.組織計畫	C.策略規劃	D.解決問題
E.說服他人	F.點子特多	G.監督他人	H.充滿想像
I.掌握全局	J.充滿動力	K.自律甚嚴	L.發展計畫
M.準時交差	N.瞭解財務	O.整合事務	P.鼓勵他人
Q.諮詢中心	R.誠懇有禮	S.觀察入微	T.反應敏捷
U.預知能力	V.誠實可信	W.洞察人心	X.世故實際
Y.精力充沛	Z.直覺敏捷		

6. 請由下列特質中，選擇五個與你最接近的形容詞：

A.分析的	B.邏輯推理的	C.音樂的	D.藝術的
E.數理的	F.善於言詞的	G.創新的	H.直覺的
I.自我控制的	J.細心的	K.情感的	L.縱觀全局的
M.獨斷的	N.智慧的	O.歸納的	P.天馬行空的
Q.有條不紊的	R.閱讀的	S.整理的	T.善用比喻的

7. 請在下列敘述句中，選出四句與你最接近的描述：

A.我有強烈的領袖特質 / 能力	B.我寧可獨自工作
C.我外向而且喜歡和人來往	D.我熱愛藝術
E.我很謹慎可靠	F.我是個敏感的人
G.我喜愛小組作業的工作方式	H.我不是個有條有理的人
I.我善於安排應酬	J.我對自己非常挑剔
K.我重視社會規範和價值觀	L.我不太有自信

資料來源：改寫自 A. J. Jewler, Creative Strategy in Advertising 。

創意人的特質

知名廣告公司上奇（SSC&B）的總裁Malcolm MacDougall曾對有志成為廣告創意的人提出一些建言，一個廣告人展開廣告生涯前，必須知道兩件簡單的事：一是出色的創意表現並不能使消費者感動，除非它與一獨特且有力的策略共生；二是一獨特且有力的策略也不能感動消費者，除非它能有一個出色的創意表現。由此可知，好的創意人員必須策略與創意兼備——由策略性思考的謹慎、邏輯和理性的過程，訓練演繹（deductive）和歸納（inductive）的推論和問題解決技術；而創意性思考的想像、跳躍和感性的歷程，培養挫折容忍（risk-taking）和敏銳觀察等特質。

瞭解自己，是一個創意人員最重要的功課。以生理心理學的角度而言，透過外顯行為和人格特質，反推大腦左右各司不同職責（**表1-1**），進而瞭解自己思考的習慣和特性十分重要。

廣告創意人的角色與任務

一、廣告創意人的角色

創意人員在廣告公司大致包括文案人員（copywriter）、設計人員（designer）、企劃製作人員（producer）和製管人員（又稱流程監控人員，traffic controller）。其工作內容和職責分述如**圖1-1**：

1.文案人員：又稱撰文，一切有關產品在各項媒體中，文字

表1-1　左右腦功課

	收斂性／垂直性／左腦思考 Convergent	發散性／跳躍性／右腦思考 Divergent
發想方式	創造性思考的第一步驟，發想時由線到點，輔以市調數據資料支持，專注於因果關係的推論／類比	由點到線，發想任何一點時適合跳躍性思考
人格特質	•理性 •直爽的 •有耐力、貫徹始終的 •現實考量的 •有支配性、統御力 •智慧型 •較拘泥形式或公式化 •犀利而聚焦式的思考 •有很多common sense（通識型） •主動積極 •直線型的時間感（直線型條列下來） •邏輯性、數學性、科學性 •主觀判斷、因果論 •具一般化常識 •有方向感、主導力 •適合做研究的工作	•感性 •心照不宣的、曖昧不明 •易受外界影響的 •新奇、幻想和白日夢的 •不喜權力和領導（非統治性的人） •易受外界影響／情境型、敏感型較喜經驗啓發 •多元而發散式的思考 •知曉方式是發散性的（我聽到什麼？又聽到什麼？）／選擇性多 •被動思考（自閉一些）／不要根據的 •水平或無時間感、崇尚自由 •抽象性、較有藝術、音樂、符號的天分、非因果論 •具個人色彩的通識、特異 •挫折容忍度較高 •不易下判斷／批評 •客觀

資料來源：劉美琪、許安琪等，《當代廣告》，2000。

或非文字表現的訊息傳遞者。

2.設計人員：配合文案人員傳達商品訊息的視覺表現或佈局（layout）安排，電視腳本、插畫繪製等工作。專責平面廣告印刷事物。

3.企劃製作人員：立體媒體（電視廣告影片、廣播廣告等）的企劃、製作和執行者。通常也必須與外製的製片公司（production house）接觸，作溝通協調的工作。

4.製管人員：主要控制的工作爲三，廣告企劃案進度時間的安排與控制；媒體預算和製作費用的控制；廣告製作物的品質、作業水準等把關。

其他重要的創意人員還包括完稿人員（finish artist），負責平面廣告印刷前的版面製作。

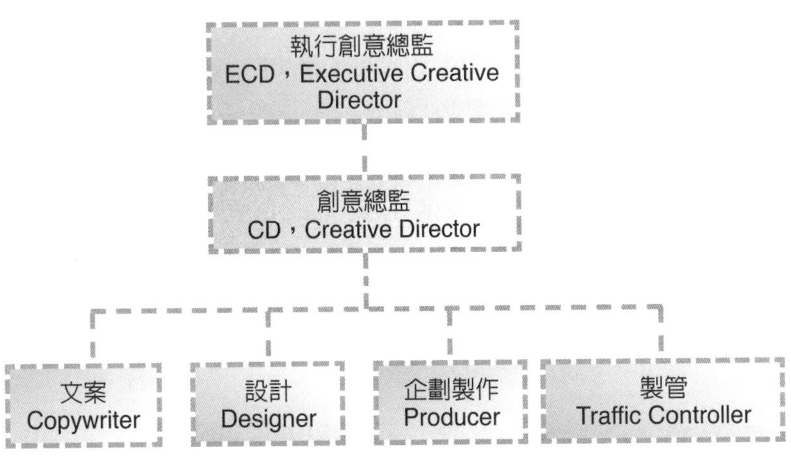

圖1-1　廣告創意人的角色

二、廣告創意人的任務

專業人員有一項重要使命是——必須利用經驗去評斷該說什麼以及誰來說。一個學生在創作廣告的過程中通常會懷疑自己具備什麼能力，根本不能確定自己的作品是不是有「創意」，其實，透過有系統的方法，從專業人士如何運用自身的天賦和經驗學習，並以分析廣告作品的背景思考作爲開端，就可以循序漸進的開發創意能量。

(一)專業思考

不管在列印東西或是畫平面稿的版面，都必須在思考和行動上，以專業的態度來對待。要成爲一個專業人士就必須要將自己視爲專業人士，在專業人士的心中他們要求自己達到最佳的境界。

找一個自己欣賞的專業人士，並且嘗試在執行任務的過程中運用他們的模式。如果想像大衛奧格威（David Oglivy）一樣偉大，那你就可以嘗試閱讀時代雜誌或廣告年鑑，開始學習其他的東西。

先丟掉學生的角色（throw away student role），因爲大多數學生的心態會預期專業人士是規則的制定者，而花大部分的時間去猜測主管要什麼，而不是工作需要什麼。抱持學生心態的人得到C的成績會歸咎於主管沒有告訴他們主管要什麼。

(二)自我啓蒙和自我評估（self-initiate and self-evaluate）

專業人士與學生的差別，在於他們會評估哪些事必須要做。

另外，專業人士不會在意得到不理想的成績，因爲在專業的世界只有失敗與成功。李奧貝納在以他爲名的公司裏談過關於專

表1-2 專業思考（Think Like A Pro）

1. 找一個心中的典範人物，學習他並模仿他（Find a role model and visualize yourself as that person.）
2. 勇於接受挑戰，並著手進行任務挑戰（Take charge and initiate your own assignments.）
3. 嚴以律己（Be your own toughest critic）
4. 制定一套專業的標準（Develop a set of professional standards.）
5. 集中全力於自己的作品上，而且要從自己的作品跳脫出來（Focus your efforts and lose yourself in your assignment）
6. 發展專業者的自信與深度（Care deeply and develop a professional sense of pride）
7. 懂得欣賞別人的諫言，不小心眼（Appreciate criticism and do not be thin-skinned）
8. 反覆檢視自己的作品直到完美為止（Polish and revise until your assignment is perfect）

資料來源：S. E. Moriarty, Creative Advertising, 1991.

業的判斷：創意人極小的聲音、最佳創意靈感的來源、最佳的文獻研究、最佳的測試市場等（**表1-2**）。

1.研讀標準的東西（study the standards）：專業人士提醒學生要對好的、普通的或是壞的工作有所感覺，而這些評斷的依據來自於經驗。在後面章節中會談到如何評斷自己工作或別人工作的意見。

2.專心而努力（focus effects）：專業人士仰賴工作生活，工作不僅可以驅策、激勵他們，並且提供金錢以致力於生產。尤其是在創意的部分，專業人士會完全致力於其中並且相當努力提升效率。

3.臻於完美並時時改正（polish and revise）：廣告必須經過多層的檢驗，從同事的批評、老闆和客戶的評斷到自己的校正。如果你要成為一位專業人士，就仿效專業人士的作法，當專業人士學一件事，你也必須學一件事。反覆校正並且使其優良是廣告的操作過程。如果你不能接受批評，並且反覆校正你的工作，那就不能稱作專業人士。

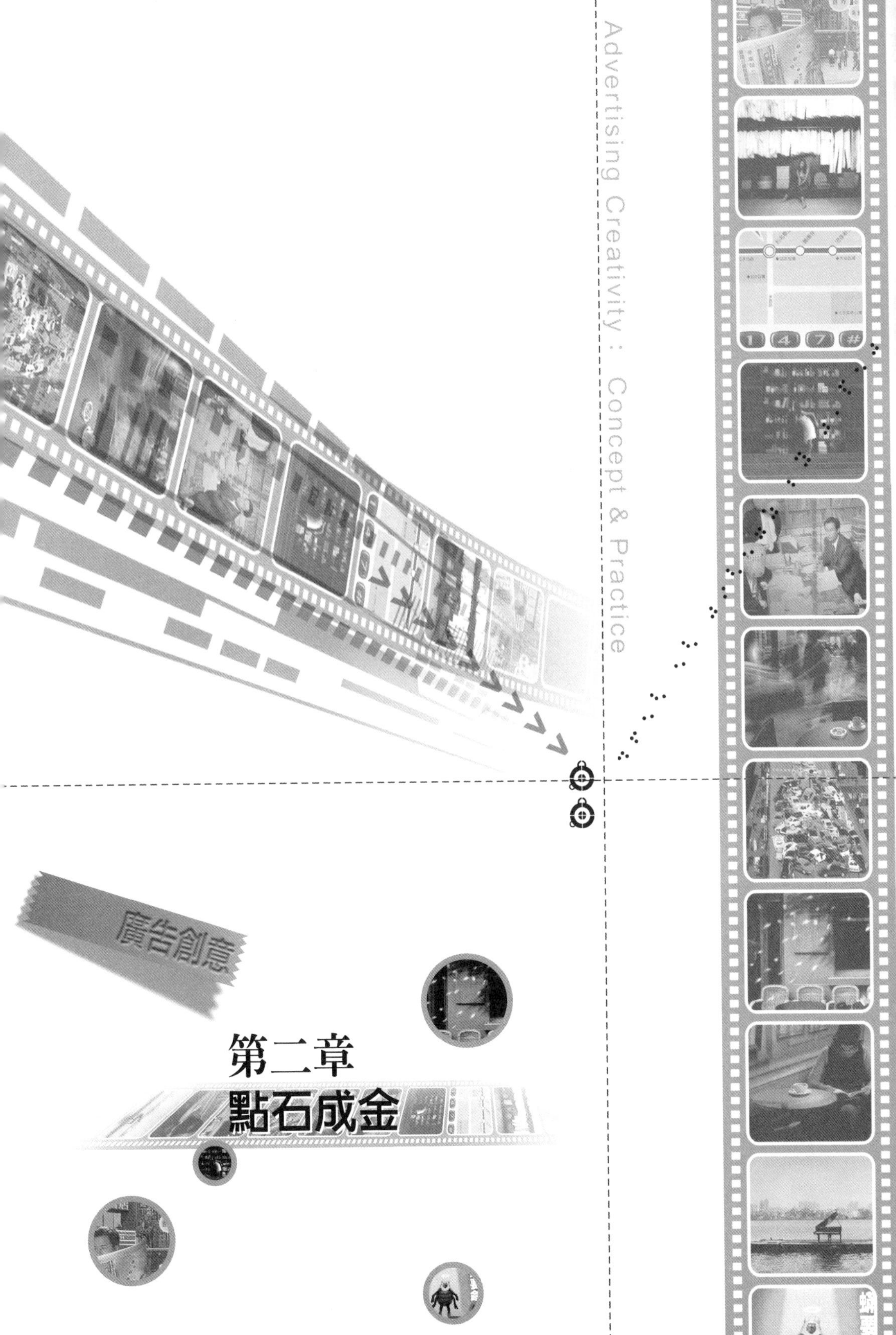

第二章

點石成金

點子與創意（idea vs. big idea）

大作家伏爾泰曾言：創造力，其獨特處就是明智而審慎的模仿。

創造意味著產生、構想以往不曾有過的東西或觀念。通常創造力就是將過去不相干的兩件或更多的物體或是觀念，重新組合成新的東西。許多人認爲創造直接來自人類的本能，但實際上它是一個逐步實踐的過程，和日常生活中所談的點子冒出（靈光乍現、燈泡突然亮起）不同，創造力完全可以透過學習去掌握，並加以運用以產生更新穎的創造。

創意是什麼？

「旅狐休旅鞋公司在台北市木柵線捷運燈箱廣告出現裸女，引發民眾爭議」，就行銷的觀點而言，捷運燈箱廣告在媒體代理業者苦心的設計和經營下，逐漸展現廣告行銷效果——藝術創意和話題創意；對廣告主而言，廣告不怕引發爭議和批評，只怕沒人注意，因此廣告愈作愈煽情，藝術或色情的視覺廣告表現早已無從規範。由此事件可看出，無論是廣告主、廣告代理商、消費者或訊息受眾，廣告和行銷上經常引起眾多討論和關心的話題即是「什麼是創意？」「什麼是廣告創意？」「如何評估廣告創意？」等。本章即以深入淺出的方式探討創意和廣告創意。

何謂創意（creativity）？以字面上的意義解釋：創，爲出奇（unexpected）或引人注意，著重表現；意，則爲相關（relevant），與產品、消費者相關，著重於策略。根據《韋氏辭典》的定義：當產生、形成某些事物或想法，或將某些事物、想法變成實物

時，就是創造（creation）。著名的廣告創意人James Webb Young也詮釋創意爲：把原本不相關的結構組合在一起，使新的整體產生較原來放進的材料更豐富的結果。意即：找出一個概念之間的相關性，其與消費者之間的關係，並賦予意義即爲創意。

腦力激盪原則

☆不能批評別人	☆歡迎自由發表
☆量愈多愈好，可做聯結	☆時間約30分至1小時

台灣著名的廣告人聯廣公司董事長賴東明先生則認爲：「創意是根據現有資料，予以重新組合、排列、更新、增減、延伸，從而產生解決問題的新方法，也是由現有觀念事物本身出發的一連串演化結果。」也有人認爲「廣告創意就是爲了推銷、爲了利潤；而創意，就是要有創見，是別人沒想到的，也沒作過的。」

換言之，眞正的廣告創意並不是天馬行空、無中生有或一蹴可及的頓悟，而是必須架構在意識行爲和策略思考的規範下，由經驗、資料蒐集、觀察等產生，並且常把熟悉的事物陌生化，用新的價值去發揮。

一、創意的價値

一般而言，所有的廣告應該都具有創意，因爲無論何種形式或原因，他們都是經過創造的過程：發想訊息然後透過媒體以廣告表現。因爲就廣告而言，產品提供某種利益或解決消費者問題時，無法空穴來風，必須加以事實佐證，只是在表現時以各種獨特新奇的方式引人注意和提出說明；對消費者而言，創意的眞正意義是產品利益的本身，廣告只是以各種有效的形式表達此利益。消費者也許會因廣告而一時購買，但產品的利益和問題解決才是永續購買行爲的主因。因此，創意的價值，在於如何有效的發展訊息並傳達給受眾或消費者，即所謂的控制性創意（controlled creativity）。

廣告創意是將「說什麼」（what to say），變成可以和閱聽眾溝通的「廣告語言」，讓一連串「抽象」的概念成爲「具體」，例如SKII保養品研發的"pitara"透過蕭薔等名人代言的廣告轉化爲「美白」的概念，高科技研發的「奈米」透過聲寶冷氣機的廣告變成了「殺菌光」等；而廣告創意也提供了「怎麼說」（how to say）來「說服」（persuasion）閱聽眾變成消費者，透過有公信力的代言人、優美的廣告音樂或是直接解決消費者問題等形式，讓閱聽眾信服並產生行動。因此，廣告創意可以說是「完成廣告訊息的溝通」的最佳解決方案。

二、有關廣告創意的幾個重要定義

(一)廣告目標（advertising objectives）

廣告目標是一個界定清楚，且可衡量的廣告結果；亦即，廣告所要解決的問題，而爲解決此問題所承擔的任務。消費者在接受訊息後能夠採取反應，也就是指訊息能產生多少效果，主要的有提高產品知名度或理解度，進而讓消費者對產品產生偏好度，這些都能在廣告活動進行後經由調查測量出效果。

誠如Russell H. Colley所言：「廣告的目標只是單純的向目標受眾傳遞訊息，期待透過這些訊息引發行動。廣告的成功與否，取決於它是否能以適當的成本，在適當的時間，向適當的人傳遞

圖2-1　傳播模式

所希望傳遞的資訊」。

廣告目標並不等於行銷目標(marketing objectives),前者以溝通為目的,期能有效傳達訊息給受眾(audience)或消費者(consumer),如知名度、認知度、廣告效果等,故以傳播模式為思考點(**圖2-1**)。而後者是以銷售為主,通常銷售和市場占有率的制定與增加被視為行銷目標。因此,廣告主和廣告代理商會透過廣告目標的設定,而訂定行銷目標。

(二)廣告策略(advertising strategy)或創意策略(creative strategy)

創意策略是廣告策略的一種表現方式,而廣告策略是用來指引、規範廣告活動的文字化格式,策略會告訴我們廣告活動以何種內容展現、以什麼方式展開。所以廣告策略一般基本的格式就有:(1)市場現況分析;(2)市場問題點和機會點;(3)廣告目標;(4)目標對象描述;(5)產品定位;(6)消費者承諾;(7)策略;(8)傳播組合;(9)媒體組合;(10)預算分配;(11)時間表。

而創意策略在於說明廣告要「說什麼」,因此和廣告策略許多內涵有相同之處,每一家廣告公司發展的架構雖不完全相似,但所見略同。典型的創意策略架構為:(1)本次廣告希望達到的目的和效果?(2)目標對象是哪些人?他們的人格特徵與心理特徵為何？(3)我們希望目標對象看廣告時激起何種想法？採取何種行動？(4)產品定位？(5)定位的支持點以及任何有助於發展創意的訊息是什麼？(6)廣告中要給消費者何種承諾？(7)廣告要表現什麼格調？(8)預算限制？

廣告策略將產品或服務所具有的利益、解決問題的方法或特性，透過各種媒體，傳達給目標受眾。其重點爲訊息的本身，包括目標受眾（target audience）、訊息目標（objective）和產品定位（product position）。因此，說什麼（what will you say）和怎麼說（how will you say）是策略的重點。更精準的說法，當我們發展廣告策略時，應以一項銷售訊息爲主，進而形成創意策略。

擬定有效的廣告策略應該依序思考下列問題：廣告目的爲何？產品定位爲何？目標對象爲何？競爭對手的廣告策略、廣告表現和媒體策略爲何？產品對消費者的利益爲何？廣告表現的調性爲何？廣告活動的預算和媒體組合？

比較廣告目標和廣告策略的區別，在於廣告目標是訊息的效果或訊息的內容，以及消費者接收訊息的反應；而廣告策略是我們想向消費者傳達什麼和如何傳達訊息。

(三)廣告表現

以美術、圖案、文字、音樂、聲音、電腦等具體的形式，把廣告策略清楚的傳達給目標受眾，進而達成廣告目標，就是廣告表現。例如，廣告的策略是傳達「普拿」可減少及緩和疼痛的訊息，則電視廣告則可用專家推薦的表現形式說服消費者；或是以比較的方式，說明使用前和使用後的效果。

如何把廣告策略轉變成具體的形式表達出來，通常須經歷下列幾個過程：首先須先瞭解消費者的購買心理，包括意見、態度和信念等；然後據此（以消費者的立場，感受商品或服務）發展

圖2-2　聲寶殺菌光冷氣——蟎害怕篇／蟎不住篇／蟎要命篇

針對空氣清潔有高關心度的家庭作為主訴求。藉由擬人化塵在家中嬰兒室的某一角，表現出「害怕」、「想跑走」、「非死不可」戲劇性的視覺張力，並配合標題「蟎害怕」、「蟎不住」、「蟎要命」的趣味說法，進而凸顯出聲寶殺菌光冷氣能殺死99.99%細菌的產品利益點，塑造聲寶殺菌光冷氣為空氣清淨專家之品牌印象與知名度。

（圖片提供：時報廣告獎執行委員會）

企業目標 → 行銷目標 → 廣告目標 → 廣告創意策略 → 廣告表現

圖2-3　制定目標、形成策略，以利創意達成

成廣告訴求的重點；並使用消費者的語言架構故事情節，使消費者認同；最後必須注意的是，廣告的娛樂性是引起消費者對商品感興趣的關鍵，並達成促購效果，因此千萬不要讓有趣的廣告削弱了廣告的訊息。

綜合上述，廣告目標是訊息的結果和效果；廣告策略是我們計畫向消費者或受眾說什麼；廣告表現則是如何規劃我們所要說的，以便和我們要說什麼的策略配合。

廣告創意的任務（The mission of advertising creativity）

廣告是一種溝通行爲，藉由各種方式吸引消費者注意、提供資訊、鼓勵購買和試用等。同時，廣告也是有計畫的說服，呈現的方式也是多元的。我們可藉由廣告大師大衛奧格威對於廣告概念的描述，一窺其原貌：想像鄰座的美女希望我提供購買訊息給她時，我總是給她「事實」，但以更具吸引力和個人色彩（「我」、「他」個人色彩）的方式表達，以客製化產品或服務的訊息概念——因爲一切只爲你。

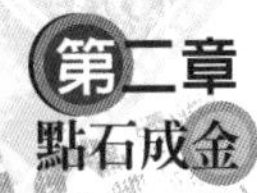

如何讓廣告備受矚目
（MAKING AN AD ATTENTION-GETTING）

- 製造陰謀、新奇、不平凡、驚奇。
  （Make it intriguing, novel, unusual, or surprising.）
- 告訴閱聽眾他們所不知道的。
  （Tell your audience something they didn't know.）
- 和閱聽眾的利益形成對話。
  （Speak to a personal interest.）
- 提供閱聽眾的需求。
  （Offer something the viewer wants. ）
- 強力推薦或柔性說服。
  （Shout or whisper.）
- 為人所不敢為。
  （Do the opposite of what everyone else is doing.）

資料來源：引自S. E. Moriarty, Creative Advertising一書。

曾有學者以下列簡單的公式說明廣告創意的任務：

（Double E ＋ Double D ＋ A）

E：Entice 引誘，吸引閱聽眾去看

E：Engage 涉入，讓閱聽眾進入或涉入產品使用的情境

D：Disclose 揭露，說明產品利益

D：Demonstration示範，展示產品的優勢與功能，使閱聽眾信服

A：Action行動，刺激消費者購買

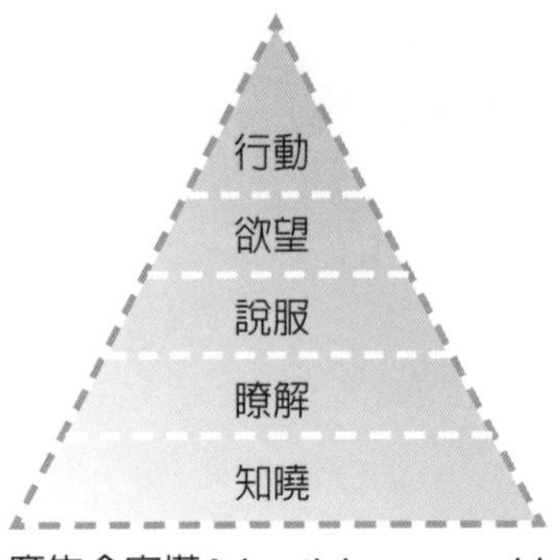

廣告金字塔Advertising pyramid

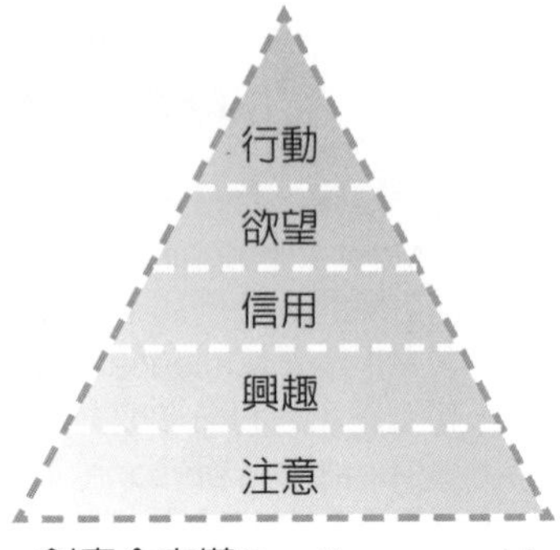

創意金字塔Creative pyramid

圖2-4　金字塔模式

資料來源：引自D. Aoker,“Advertising”一書。

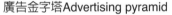

也有學者以轉換廣告金字塔模式（advertising pyramid）爲創意金字塔模式（creative pyramid），說明構思文案和執行創意的指導原則。創意金字塔是根據不同種類的產品和背景，幫助創意人員將廣告策略與創意策略轉換成實際可執行的具體廣告。金字塔模式旨在讓廣告文案與廣告設計的目的達成——說服（conviction）潛在消費者採取行動，滿足需求（needs）或欲求（wants），或是提醒他們再次採取行動。然而，廣告創意的首要任務是引起閱聽眾注意（attention），再激發他們對產品或訊息的興趣（interest），第三階段則是爲產品承諾並建立信用（credibility），然後再努力引發欲望（desire），最後刺激採取行動（action）。

一、策略性溝通

找出決策點以及任何選擇方案，建構多樣選擇的最佳方案是發展出廣告的方法。策略是製碼或訊息設計背後的思考與邏輯。策略的訊息意味著對正確的人，說正確的事。廣告策略包含使三個批判性的決策，奠基在可瞭解的整體溝通環境爲基礎：(1)該說什麼？(2)該怎麼說？(3)如何達到目標？到達或觸達率的目標是媒體計畫人員（media planner）與購買人員（media buyer）所扮演的角色。

策略性溝通
STRATEGY AND COMMUNICATION

1. Who to talk to（targeting）
和誰對話（目標消費群）
2. What to say to them（message planning）
該說什麼（創造訊息）
3. How to reach them（media planning）
如何傳播（媒體企劃）

二、由注意（感覺）到認知（知覺）

廣告最重要的目的是讓人們注意到它。從感覺到知覺是觀察者透過各種感官接收訊息，解釋並歸類到記憶中的過程。一般而言，廣告接觸的歷程爲AIDA：引起注意（attention）、感到興趣（interest）、產生欲求（desire）、購買行動（action）。這是有效廣告的基本要件。引人注意的廣告告訴人們他們不知道的事，引起人們的好奇心，並且提供他們所需要的。廣告可察覺的最大問題是不被注意，很多廣告訊息只是閃過觀察者而沒有被多注意。而另一個問題是分割注意，當閱聽眾一邊做別的事一邊接收廣告時，廣告只受到一半的注意。混亂則是廣告訊息太多，以至於單一的廣告不能精確的被注意到。所以，「注意」是一個心理的歷程，同時也暗示了對廣告訊息某種層次的瞭解（認知，awareness）。

以下是擾亂訊息接收的幾項重要因素：

(一)侵入（intrusiveness）

如果廣告不被注意，那廣告訊息就很難令人產生印象，因此

知覺與廣告

- 引起注意（attention）：抓住閱聽衆目光的力量（stopping power）
- 產生興趣（interest）：使閱聽衆目光不肯離去（holding power）。
- 記憶（memory）：讓閱聽衆回味無窮（sticking power）。
- 形成衝擊（impact）：令閱聽衆驚奇（startling）。

很多廣告都盡其所能的達到侵入，讓訊息難以被忽視。成功的廣告是自願的被注意（voluntary attention），即使它具有侵入性。有些廣告可能利用錯誤侵入的方式，雖然可以使廣告受到記憶，但是卻可能造成閱聽眾的憤怒，導致厭惡感、不願意購買產品。侵入式的廣告須在策略的配合下才能成功——多元且大量的媒體組合使用、產品線多樣化和精細的消費者區隔。

切記，廣告可以是侵入式，但卻不會是大膽、輕率而無禮的。

(二)選擇性接收

人們根據自己的興趣或意見，選擇性地接收訊息。所以有許多訊息呈現出來而人們不能完全的注意，因此創意如何突破訊息爆炸的重圍和閱聽眾接觸是一大課題。

(三)逃避

人們遭受太多的廣告訊息砲轟，以至於會藉著遙控器轉台、快速搜尋、轉小音量或是關掉電視來逃避廣告，目前創意人最大的挑戰就是設法使廣告能讓閱聽眾在意識或潛意識的情況下產生注意，例如新興的兩種廣告媒體使用上的創意——置入式行銷和隱形廣告：前者是將手機訊息放入《○○七》電影情節中，後者則是被冠上節目標語或是頻道標誌的廣告，如以金車商品廣告為

主體，右下角搭配各電視台台呼。

三、興趣

如何讓廣告有趣

- 有相關性（Be relevant.）
- 提問（Open with a question.）
- 運用娛樂性（Use entertaining.）
- 製造懸疑（Create suspense.）
- 刺激涉入度（Stimulate involvement.）
- 運用接近性（Use closure.）
- 和自我利益對話（Speak to self-interest.）

認知的下一個層次是興趣，是吸收訊息的狀況。與吸引注意不同，訊息必須要有好奇、注意或是新奇的聯結元素。

只要訊息對人們有相關性，那麼人們就會對它產生興趣，它顯示出人們感興趣的東西。但是興趣只是暫時的，它可能輕易的跟隨注意力而轉移。R.D Percy&Co.公司提供電視廣告收視率的調查，發展出一種新的方法可以測量電視廣告抓住閱聽眾的力量（holding power）。內容包括了發展相關性、提出問題、運用娛樂效果、製造懸疑感、高涉入度刺激、運用與消費者相似或接近性的原則，以及利益切入點。

四、記憶

對廣告而言，不只是讓訊息被聽見，更要能留住消費者，將訊息鎖在心中。如果廣告沒有被記憶，那等於沒有看過廣告一樣。

(一)瞭解

如果你瞭解某項事物，即使不能完全回憶出這件事，至少你知道曾經看過，瞭解的程度對新產品來說非常重要。因此，廣告

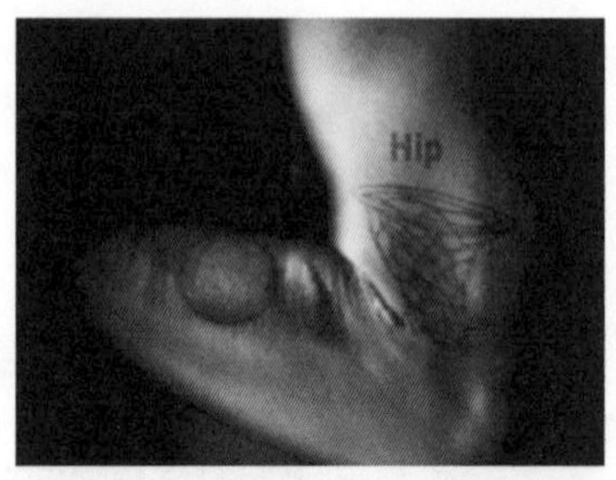

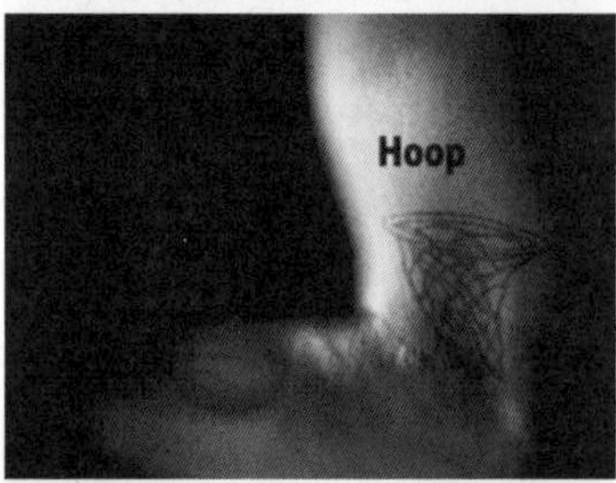

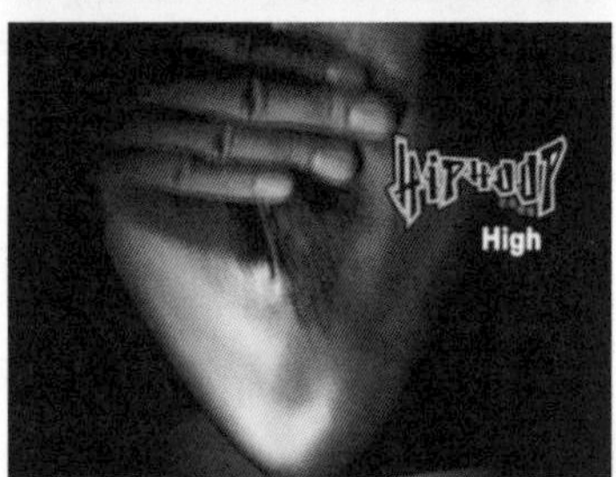

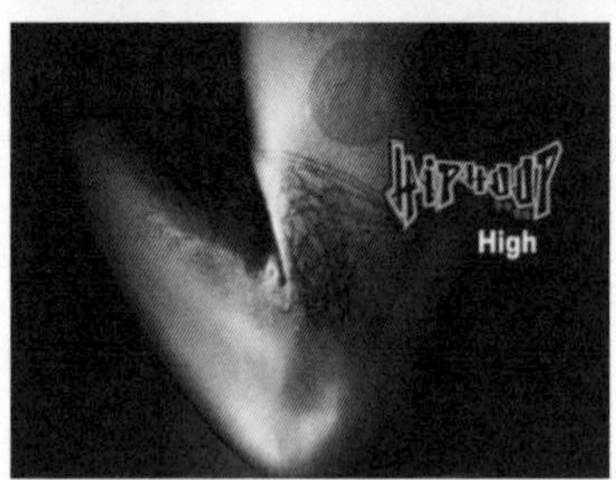

圖2-5　NIKE—HIP HOOP HIGH 刺青篇

"HIP HOOP"是NIKE針對十三至十九歲熱愛街頭文化與籃球的年輕人，所發展出的新籃球概念，本廣告旨在吸引新世代籃球偏執狂對NIKE的偏好，並告知NIKE最新的籃球概念。

（圖片提供：時報廣告獎執行委員會）

公司也會做消費者心目中第一理想（top of mind）品牌的研究。

(二)記憶的片段與軌跡

人類的記憶類似檔案的空間，廣告被個人以使用的相關資訊標籤或以檔案的模式歸檔。大多數的廣告被歸檔爲片段或是軌跡（fragments或traces），即是藉由線索（預先學習的資訊）推回源頭。要使人容易記住的訊息必須要讓人容易加以歸檔，也就是利用關鍵字、標語、主要價值觀等。組織也很重要，集合在一起的比分散的較易記住，在設計上利用圖表或是置物空間來歸類相同的事物。

(三)名聲

產品或企業的名聲會增強訊息到消費者的心中，心理學家建議「三達理論」(訊息至少應該出現三次以上，第一次的任務是希望消費者注意、第二次是引起興趣、第三次則是促成購買，但須視不同的產品、時間而定）人們才會接收並且記憶訊息。

(四)品牌化和品牌資產

國際品牌的廣告似乎在現代都有一種行銷現象——產品因廣告而獨特，並非因本身的特徵。仿冒品牌與正牌間的差異非品質而是心中的品牌形象，這要依靠廣告的提升作用。透過品牌名稱、特徵、符號、商標、標語可增加品牌記憶，建立永續發展的品牌產權。

誠如大衛奧格威（David Ogilvy）的廣告價值觀是——廣告的目的是發展強力的品牌。品牌可以促成產品的迅速類化和聯結效果，例如說到可樂就只會聯想到可口可樂。

廣告創意的養成與經營

由上述，我們發現廣告創意並非一蹴可幾，而是許多內涵的養成和專業的經營：

1. 廣告溝通的第一線是視覺印象。
2. 文字和圖畫的表現不同，但具互補功能。
3. 重要的創意方向包含利用何種類型的藝術或視覺形象。
4. 組成的擺設引導視覺形象的接收。
5. 色彩溝通是一種自己的語言。

一、視覺

愈來愈多的廣告依賴視覺的力量來吸引注意，並創造可記憶的影像。電視無疑是視覺媒體，主宰媒體美學與風格衝擊。衝擊的第一要務是視覺，因此螢幕的形象主宰電視觀眾的注意。因爲閱聽眾很難留下印象，所以視覺創意愈發重要。視覺傳播也是發展全球化廣告的趨勢。視覺傳播利用全世界都瞭解的形象與符號取代語言。成功的全球化廣告利用簡單的創意表達強烈的品牌形象，利用大量的視覺與音樂和少量的語言達成衝擊。

一般而言，美國的廣告是誇大且硬式的銷售。歐洲的影響表現在視覺上而非洗鍊的文辭，歐洲的廣告比美國的廣告重視視覺，除了跨國界與語言的障礙外，歐洲廣告的視覺品質比美國好，因爲對文字的依賴性已經較少了。

(一)意象的概念

形象是心理的圖像，這是想像與認知過程中重要的一部分。

想像力指的是在心中看到的樣子，視覺思考與想像及視覺化相關，而意像是回憶感知印象的能力——某樣東西看起來、聽起來、聞起來……怎樣。

不同方法利用在廣告上：

1. 解析度：由藝術指導者呈現出廣告看起來的樣子，使創意可以看見。
2. 創意概念變成視覺，讓人印象深刻，視覺如何溝通訊息。
3. 視覺化是腦中出現影像，看見廣告問題解決的過程

(二)視覺的功能

廣告利用視覺完成許多目標，主要的目標是吸引注意、形象被記憶。以下列出其他功能：

1. 注意：有示範的廣告愈多令人注目的視覺，愈能讓人注意到，且關心訊息進一步的發展。新奇和驚奇使視覺更引人注意，例如：顏色、加深的字型……。大小、色彩也是吸引注意的原因，原則是對比與新奇。興趣仍是注意面向的重點，例如：飢餓時，食物可以吸引注意。
2. 記憶：研究發現，人對視覺的注意比對文字多，並且記憶久，顯示具視覺元素的平面廣告較易記住。有效的TVC要有可觀察的銷售效果。

(三)視覺學習

消費者利用廣告增加關於產品的資訊，而廣告利用不同的方式讓大眾知道他們想知道的產品，這是自我動機的學習，並且著重在視覺上。廣告利用示範來表達「如何去……」的資訊展現視覺。

(四)寫實與符號

寫實在廣告運用上表現產品或事物原來的樣子。人們相信自己所見到的，所以寫實是用來強化信仰的。符號是抽象、模稜兩可的，必須由觀眾自己融入並轉化意義，通常符號用來表達較難被寫實的概念。符號也被用來發展聯結度，聯結到生活形態、顏色、logo……等。視覺影像可以造成偏好。符號表達概念的基本意涵，但不詳盡。

二、藝術性

藝術或圖片是廣告一種概念創意的視覺呈現。

藝術的來源，大都會區有自由藝術家和工作室，這是最好的原始藝術。

原始類的藝術包括木雕、浮雕……可以重製古老的藝術來源。

商業藝術提供「剪輯」藝術，任何人都可以不經別人同意而使用。而通常視覺需求決定根據以下區塊：舉例與照片、顏色或黑和白、產品敘述、樣子與風格（style of look）；並透過媒介環境，將視覺藝術性精采呈現。

(一)基本決策

1. 照片或舉例：「照片」有些有特殊的形式，如時尚、建築，都需運用不同的技巧。例如：拍流行的事物，模特兒的造型就必須精確無誤。而照相館內可販售的照片似「剪輯」藝術，任何人都可以使用。

   「舉例」較不眞實，「照片」較實際。藝術總是隱喻抽象，它可辨別意涵與心情，但不詳細。而照片是權威，因爲人們相信眼睛，具有公信力。O&M研究就發現照片使回憶度提升26%。

2. 彩色或黑白：另一種基本決策是使用色彩。在色彩決策背後有創意的理由，黑白較抽象，呈現戲劇化或紀錄的效果，而彩色是實際的也是寫實訊息的基礎。
3. 產品敘述：再者，重要的決策是概念與產品的敘述。大家常記得廣告中好的創意而忘了產品，所以如何描述產品很重要。此種技術是秀出產品的使用，增加可信度。而另一種紀念性的情景，是創造出情感的回應到背景上，並帶出產品。這種環境是創造聯結來顯示符號的訴求。
4. 風格與外型：設計的風格從創意策略發想。若風格嚴謹，則顯示出較正式、限制或教條式；而輕鬆的風格則較自由。廣告的風格會跟隨設計、環境等的趨勢產生些微變化。

(二)媒介

圖示（illustration）可用不同的技巧執行，例如：黑白素描、水彩和蠟筆、筆刷等。透過不同的媒介可以具體呈現廣告抽象的概念，尤其是高科技媒介環境。

電腦動畫

電腦動畫用來做電影裏的特效，並合成到廣告中使用。有些基本概念是此新興科技必須特別注意的：

1. 數位化：數位化影像可以分成許多區塊變成電腦密碼，例如照片、電影。數位廣告曾用在戶外廣告上。
2. 組成：組成的基本是心理與美學。要組合影像可引導眼睛到重要元素上，並組成視覺領域。

3. 計畫：水平與垂直是影像的軸線。雜誌是兩個象限，在佈局（layouts）上跨頁的設計偏重水平軸線，整頁設計偏重垂直軸線。電視亦是偏重水平軸線。消逝點是建立第三度空間的認知。
4. 第三法則：Kodak指出垂直與水平分九區塊，交線的四個點就是最引人注意的視覺衝突點。

   討論組成的三個建議：避免事物一分爲二、將視覺平分兩半是爲了創造公平、勿將重點放在組成的中間（視覺最小注意）。
5. Framing：是爲了建立更突出的視覺效果。平面廣告邊緣（margins）或無邊緣（bleed）來製造效果。
6. 比例：人、樹或可辨認外型的東西都可用來建立比例。當難分辨大小時，要有一個參考指標。
7. 領導線條：組成的元素可以創造視覺線條來引導眼睛，這些線條可以匯集並集中眼睛的注意力。
8. 打亮與陰影：打亮與陰影會造成心理上與美學上的效果。明亮創造愉悅、自由；陰影是戲劇化且神秘。有許多不同的打燈技巧可以創造意義，例如：側燈可以增加組織性，臉上的散光可以柔和線條。
9. 鏡頭角度：每個影像被看到是視覺不同的角度，例如：主觀鏡頭——代表觀者是跟著這個鏡頭的方向看事物，由下而上——通常是建立此物令人尊重的感覺，俯視——有優越的感覺，淺近的觀點（worm's-eye view）——聚焦在表面，影像往上傾斜（tilt）——顯示動態。
10. 場景：場景也能創造不同的意義，場景可以是一個shot也可以是遠景——建立場景的關係，或是特寫——代表影像的重要性、大特寫——臉上的孔或極細的肌膚。

三、色彩

顏色在廣告中占重要的地位，尤其在黑白廣告中更能凸顯，而其實兩種都是一個對比。

(一)色彩理論

討論色彩包含醫學與心理層面，以及美學和製圖。顏色是透過光的反射而有所不同，色彩分三個特徵來討論：色調，就是我們所看到的顏色；飽和度，是關於顏色的純度，例如：黃綠色；亮度，即顏色反射光的強度。

1. 色彩轉盤：是用來定位相關的顏色。三原色是：紅、藍、黃，跨色區是橘、綠、紫。另一種是互補色，用來加強對比。鄰近色運用了兩邊顏色，因爲他們共用同一個色調。衝突色是因爲用到互補的顏色，若有需要通常是在折扣廣告中製造刺激。
2. 顏色的組成：電視會用紅、綠或藍增加顏色，使點或線間顏色不會分開，因爲三種顏色加在一起會變成白色。印刷品運用減色，三種原始色：洋紅、黃、青色，若三種顏色重疊會變成黑色。

(二)顏色符號

廣告中顏色被用在許多不同的目的上，它創造心情、吸引注意，辨別前景、背景或是聯結的線索。

1. 心情：藍色一憂鬱，紅色一生氣，黃色一膽小……這些是情緒的標籤，這些在廣告中可以創造出對訊息情緒有效的聯結。

圖2-6　台北凱悅大飯店形象廣告—天使篇

針對金字塔尖端的消費者，建立有別於一般五星級飯店的高形象：個人化、風格化。形象廣告之天使篇——以任職於凱悅飯店之婚禮顧問師為主角，黑白攝影、微帶夢幻氣息的人文基調，構成了台北凱悅的新形象。

（圖片提供：時報廣告獎執行委員會）

2. 天氣：暖色系——介在黃與紅之間，冷色系——介於藍和綠之間。例如：速食餐廳用暖色系，強調忙碌但卻溫暖的感覺。

(三)色彩運用的主體

1. 注意：有些顏色原本就很吸引注意，如黃色，尤其跟黑色放在一起，例如：3M便利貼。採用亮度佳的顏色較易吸引注意。
2. 強調：吸引人注意的顏色也能同時強調它的重要性，強調就是對比，能使其突出。

3. 顏色製碼：用來聯結顏色與產品。
4. 深度定義：顏色可用來建立前景與背景的關係，顏色也能在醫學上建構顏色的深度認知。紅與橘被認爲是積極的顏色，較易被看到。藍與綠被認爲是隱性的（recessive）顏色，它落在視網膜的前面，以至於在遠處較看不見。

根據上述必須好好計畫遠景和前景的關係，所以藍與綠較適合做背景。

(四)顏色與個性

顏色的表現具有個性甚至社會和文化價值，例如：洗衣粉的顏色總是在包裝上表現潔白清爽的效果。

(五)廣告和顏色

若是目標精確，專業人士會設計訊息，運用顏色模式來切合目標。顏色針對情感而非理由，如差不多的產品有不同的顏色包裝。眼睛接觸的第一個是顏色，所以最好能與產品有聯結性。品牌形象也是顏色影響的一環，這可追溯到學校的代表顏色，有其不同的個性。

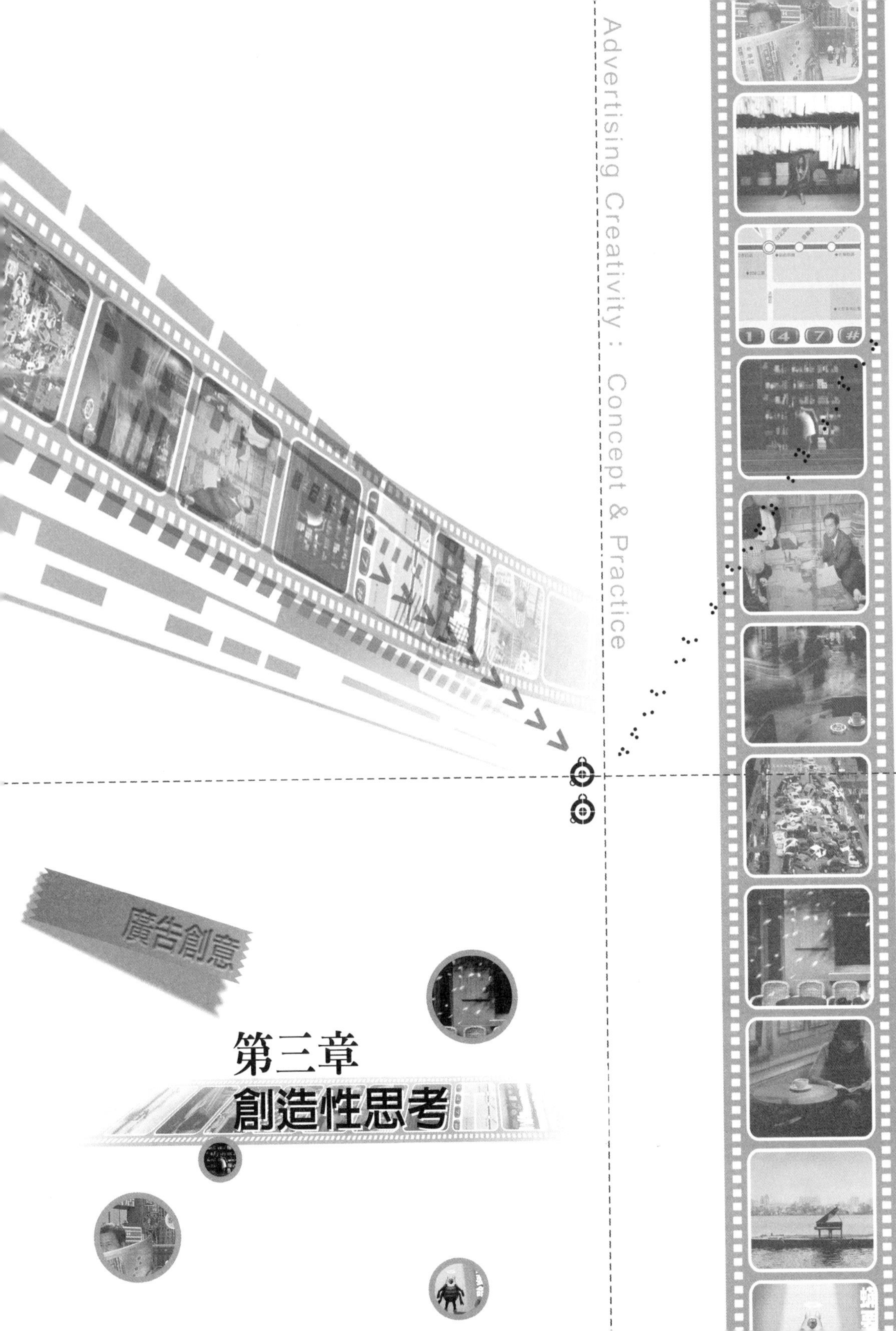

第三章
創造性思考

在這個世界上，你必須成為你希望看到的改變。——甘地

《誰搬走了我的乳酪？》（*Who moved my cheese?*）這本書談的是兩隻老鼠和兩個小人的故事。故事的背後拋出一連串我們可以面對或逃避的問題：「是誰搬走我的乳酪？是誰？是自己！爲什麼？是害怕改變！」。

有一則「皮鞋由來」的寓言故事，國王希望以牛皮鋪路解決人民赤腳徒步碎石路的痛苦，但殺戮全國牛隻又會衍生其他的問題，於是僕人的大膽建言「與其花大錢大費周章殺牛，不如以小張牛皮將雙腳包起來」，徹底改變「人」和「牛」的命運，也爲人類創造皮鞋解決了「走路的問題」。

想改變世界，眞的很難；要改變自己，比較容易。與其改變全世界，不如先改變自己——「將自己的雙腳包起來」。改變自己的某些觀念和作法，以抵禦外來的侵襲。當自己改變後，眼中的世界自然也就跟著改變了。面對改變，容易心生畏懼，當一個人擺脫了自己的恐懼，就會覺得無比的暢快和舒適！而創意的產出必須面對的第一項考驗即是——改變。習慣領域的思維模式讓我們通常在心中以歸類「文件夾」（file folders）的方式幫助自己快速理解或解決問題，這就是一種「心相」（mindset）。如此能力使我們聰明地、反射地且覺得安全地處理日常事務，一但視之爲想當然爾、理所當然後，往往對任何事物就失去再思考或深層思考的可能性。就像心理學教材中有一「老婦人／年輕女子圖像」（old woman / young woman picture）的啓示，大多數的人面對一張圖像中同時可看到兩個女人，心裏充滿矛盾和掙扎，因爲以往的直覺都是對的、依經驗判斷不可能、害怕改變或是缺乏接受新的挑戰等，都使我們身陷「心相」的循環。而一連串「刻板印象」（sterotype）、「月暈效果」（halo effect）的名詞，自然而然成爲不

利創造性思考的藉口和絆腳石。

想改變，其實不難。態度（attitude）和習慣（used to）是關鍵。四個步驟幫助你在日常生活中進行改變：

1.打破習慣領域，保持一顆童心。在生活中經常進行「無害嘗試」，例如不走相同的路或是以不同的交通工具回家、逛百貨公司不再由一樓開始、不再吃相同的早餐等，這些都是「無礙他人、無害自己」的小小改變，過程中經由不斷「試誤」（try-and-error），不按牌理出牌，都可以創造一些新的刺激，豐富經驗。

2.大量閱讀，用圖像刺激思考。

3.要有夢想，「有夢最美，希望相隨」，但能使夢想成眞則是創意最大的魅力所在，因此行動加上努力是要件。四個步驟幫助自己美夢成眞：(1)決心改變自己；(2)將夢想條列出來；(3)找見證人提供無形督促的力量；(4)馬上行動。

4.時時保持好奇心並勤於追根究柢。大量蒐集文字圖像、勤做記錄等都是建構自己資料庫的不二法門。

創造性思考的歷程

一、認識創造性思考（creative thinking）

德國社會學家韋伯（Max Weber）針對思考的方式提出看法：人類有兩種思考模式，一爲事實型思考方式；另一種是價值型思考。前者以客觀理性的思維切入，把觀念分解成細小的成分，以邏輯的方式對背景進行分析，找出最佳解決方案，事實型思考的人通常傾向於線性思考，習慣邏輯、明確結構和效率。後者則通常依照直覺、價值觀和道德觀等來決定，善於接受變化、矛盾和衝突的情境，價值型思考的人較喜歡將各種觀念融合在一起而產生創新。

廣告主如果是屬於事實型思考，通常會選擇較簡潔有力、理性訴求和輔以量化資料佐證的廣告表現，反之亦然。因此，創意人員針對廣告作品發想的同時，也可策略性的分析客戶的思考模式，以創造出符合客戶需求的作品。誠如James Webb Young所言，廣告創意與一般創意的思考模式有所不同，必須在特定條件下進行：

1.廣告創意有行銷需求。
2.廣告創意的發展須策略設定範圍。
3.廣告創意有時間和預算的考量。
4.廣告創意重銷售和廣告效果。

二、創造性思考的歷程

Graham Wallas首先於一九二六年提出「創意四重奏」的概念，認爲創意的產生會經歷四個過程；而James Webb Young 在其所著的《創意產生的技巧》(*A Technique for Producing Ideas*, 1975) 一書中，強調創造性思考是一連串——「舊加新以及尋找關係的連結」的過程。綜合兩位廣告學者的觀點，將創意思考的過程分爲下列四階段：

1. 準備階段 (preparation)：研究和閱讀。著重蒐集原始資料，多觀察研究、多吸收新知。又分爲專業和非專業資料準備，養成對任何資料蒐集的需求，用常識發想創意、大量需求，可創造流行趨勢。

2. 醞釀階段（incubation）：此階段又稱爲咀嚼期。遠離它並且讓創意自己成型。又稱消化或思考階段，放鬆心情，讓腦海中的東西沉澱，思考整合並加以檢視。消化、判斷資料是否有助益？和何種生活風格有關？和消費者有何不同？

3. 啓發階段（illumination）：又稱孵化階段，加以深思熟慮的階段，讓許多重要的事物在下意識的心智中做綜合的工作。常遇到的困境是「打結」（blocking），因此建議出去走走，放空大腦，非常多的發明與創見是來自於「離開一頓悟」（insight），誠如希臘物理學家阿基米德在洗澡時體悟衡量金屬容積與浮力的計算方法，柳暗花明的喜悅讓他脫口而出：「（eureka）啊哈！我找到了！」。

4. 確認階段（verification）：檢查創意是否符合需要的策略、是否可以執行。生生不息的創意人，要想出有執行力的大創意。此即創意產出階段，任何偉大的創意如不能執行即非好創意，必須不斷驗證可行性，克服技術面。

BBDO廣告公司的總裁暨廣告學者Alex Osborn也對創造性思考產生的過程提出一些看法：

1.須詳細陳述問題（specify the problem）。
2.蒐集情報（gathering information）。
3.產生可能解決的方案（generate possible solutions）。
4.評估解決方案（evaluate the solutions）。
5.選擇最佳方案（select the best one）。

Osborn也強調可以發展許多選擇機會來解決問題，但只選擇其中最佳的一個。而此過程會遇到兩種困難的情況：如何著手開始和如何因應創意打結的情況？同時，他也陳述自己的經驗作問題解決：保持愉快的工作情緒或選擇暫時離開，以及重新條列問題，或暫時作一些非相關的體力活動（從用腦轉向用身體運動）。

思考習慣的養成

一、從構思到表現

根據市場資料分析，設定廣告構思，如何將所設定的構想加以表現，即所謂廣告表現策略。廣告表現策略與媒體策略成爲廣告計畫的兩大支柱。

所謂構思，就是廣告商品訴求內容的概念。概念的眞諦就是商品特性和消費者所欲求的商品利益一致，唯有如此，商品才能和消費者意願吻合。根據具體的表現，如何把概念予以強化使它具有衝擊力，這是設定廣告表現最重要的事。試著回想自己閱讀平面廣告時的經驗，我們有可能先受到圖象的吸引，然後看看標題來瞭解圖象的主題；或者，先看到的是標題，然後看圖象裏的事物跟標題有什麼關係。不管是哪一種情況，標題利用文字來「揭示」訊息，圖象則可以將事物、概念視覺化，進而把某種意念呈現出來；這一來一往間，廣告的訊息得以在我們的腦海中吸收、瞭解、組合，甚至產生其他的聯想。

二、創意工作要項紀錄

在廣告文案或表現設計尚未具體之前，必須要有抽象的概念，它就是構思。將概念用象徵的文句或印象，以直率的衝擊力來表現，而使用何種方式或手段來呈現則另當別論。但是創意部門所做成的具體表現，常與抽象的構想不合，為了消除此一問題，需要創意工作要項紀錄來制衡。

創意工作要項紀錄（creative approach sheet）就是為了展開有效的創作活動，記述基本的必須項目，作為討論時便於進行的格式，其用法簡述如下：在尚未進入創作小組討論之前，創意部門、行銷部門、營業部門各單位主管，每單位至少要填寫一份，合計共三份。然後將各單位所填寫的「創作要項紀錄」帶到創作企劃會議，當場針對卡片上所列各項，徹底研討以企劃創意提案，將與會者討論的結果加以整理，再把所得結果簡略記錄在一張綜合彙整的創作要項紀錄上，然後交由創意部門繼續研究。至於使用創作要項紀錄的時機，是進入創意部門的獨自作業階段。

關於創意工作要項紀錄之內容如下：

1.廣告目標：廣告表現是為達成什麼目標，例如提升知名度、加強形象、提高商品機能之理解度等。
2.目標市場的消費者：記錄目標市場消費者之生活形態特性、價値觀、性格、行為特性等。
3.表現構想：主構想（用什麼訴求最強烈）。在商品特性和購買者利益一致的主要訊息中之最強者。換言之，如果訴求該項要點，最能提高銷售量。
4.表現的副構想：繼主構想後，針對消費者其他利益，所謂「支援情報」。
5.競爭上的關鍵點：在廣告表現戰略上，與競爭者之差別在何處，必須找到其間隙和盲點。
6.表現的基調與氣氛：廣告表現要具有「個性的訴求基調與

氣氛」(tone & manner),此一基調與氣氛必須符合接受者接受廣告的相關心理背景。

7.根據創意選擇媒體:當擬訂創作戰略時,除所指定的媒體外,再用什麼其他媒體更有效,換言之,用什麼其他媒體和所指定的媒體組合在一起,更能發揮行銷效果。

8.提高廣告效果之關鍵:如果認爲商品廣告用聲音最有效果,不妨用奇特的聲音作爲傳播重心,或認爲用名人口述有說服力,就應遴選市場目標共同認定之名人作爲廣告主角。此處所謂關鍵,乃指廣告之傳達方法。

三、過程如何規範

當廣告主製作平面或立體廣告時,首先要召集廣告公司的業務部、創意部和控管部主要企劃製作人員舉行會議,這種會議稱之爲廣告前置(PPM, Pre-Production Meeting, 或是orientation)會議。

爲了企劃好的廣告創意,製作好的廣告作品,廣告主必須向創作人員提供詳細的各種情報。凡是企業或商品重要的直接情報,生產產品的廠商背景,商品對社會的功能等,都必須向製作者詳加說明。如果有其他競爭公司的情報、其他行銷情報,同樣有說明的必要。而自家的商品,由於價格、商品名稱之差別化,也會有品位(grade)等問題。

許多商品面對外在市場環境的競爭,同時也在企業內部自家產品系列中有所謂的產品位置,這些都屬於商品定位範圍,廣告專用語稱「定位」(positioning),例如統一企業乳品部門生產咖啡牛奶的品牌就有六個,分別是統一調味乳定位爲全家適用的飲品、統一輕鬆小品是針對上班族、咖啡廣場是給青少年「寬廣的心寬廣的未來」、左岸咖啡是淑女專屬的時尚情緒商品、而曼仕德咖啡則是讓年輕族群思考「該醒醒吧」或是「生命就應該浪費在美好的事物上」，因此，明確的定位是廣告製作重要關鍵。

所以，當廣告企劃會議舉行時，廣告製作人員對廣告商品、廣告主企業背景有任何疑問之點，要打破沙鍋問到底，不容許有任何存疑之處，像這樣不厭其煩的質疑問答中，常常會湧現廣告創意的線索，當日後展開創意工作時，成為創作的重要啓示（hint）。

尤其從大家交談中，設想商品在生活中實際被使用的狀態，從中浮現商品具體的印象，對廣告表現線索的發現有很大幫助。

如果廣告主的行銷推廣人員，自認個人無法充分說明商品知識時，應當請該商品之開發者或研究員參加會議，以專家的立場，充分說明。廣告企劃會議是左右廣告作品生命的重要機會，不論任何企業，無不重視此項會議，而且認眞執行。

廣告創意的流程

「創意流程」是指創意發展過程中的各個起點和終點間的關係流程，以及前後的交接點，通常就是和品管相關的關鍵點。

在廣告作業制度上有「團隊合作發想」的過程（見下一章「策略性思考」)，在創意人員個人工作中，也會有「個人發想」的流程（下一節所談的創造性思考即爲自我訓練的方式）。

一般正常的作業，會有以下幾個步驟：

1.AE人員先進行企劃簡報（briefing）和客戶的要求事項。

2.AE人員向創意人員進行說明並達成時間和工作內容的共識。

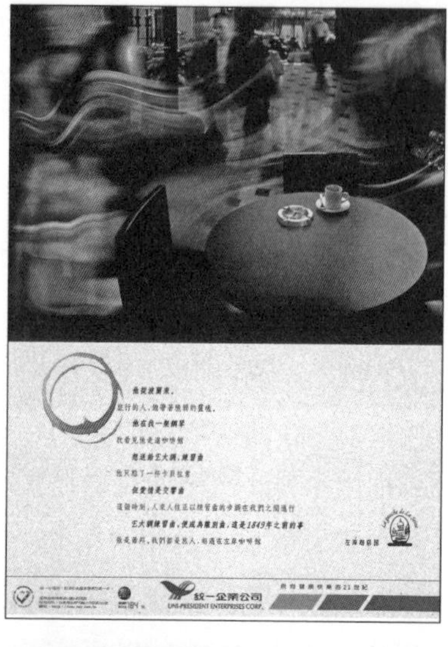

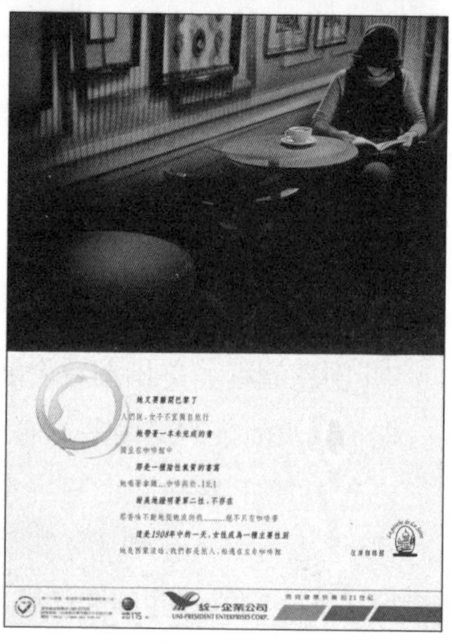

圖3-1　統一左岸咖啡——蕭邦、雪萊、達文西、西蒙波娃篇

運用過去的藝術家與現代人似有若無的對話，彷彿回味過去，也彷彿在呢喃現在，一系列的對話呈現左岸人文藝術深層氣質。

（圖片提供：時報廣告獎執行委員會）

3.創意人員內部召開動腦會議。

4.創意人員各自發想。

5.將創意策略與方向對客戶說明，獲得客戶認同或是修正。

6.確定創意策略和方向，結合文字和視覺創意人員的想法。

7.內部提案、檢討和修正。

8.向客戶正式提案。

這些流程是廣告公司司空見慣的工作模式，客戶也非常熟悉。對客戶而言，關心的是廣告創意的結果，流程中他們最重要的共識是創意策略和方向，只要雙方達成認同與認可，創意人員就可據此悠遊創意。

一般而言，創意人員與客戶接觸的機會不多，所以許多外商廣告公司的做法是在此階段多讓創意人員瞭解客戶的想法，例如邀請客戶爲創意人員上一堂課，有關企業主的經營理念、商品的資訊和市場環境等，這些都是幫助拉近創意人員與廣告主客戶的絕佳方式。

創意的產生並非偶發的，尤其是客戶通常壓縮時間，製管人員（traffic）和AE則是給予時間壓力，因此，廣告人的創意常是擠壓出來的。有一位廣告人提出創意思考的七階段，幫助廣告人有系統的訓練自己創意產出：

1.確認方向：先確認問題。

2.準備：將相關資料結合在一起。

3.分析：找出相關聯的部分再細看。

4.想法初構階段：將有可能的部分放在一起。

5.潛伏：放手一下，是否有一些啓發的想法。

6.綜合：把片段組合在一起。

7.評估：作判斷與產出。

創造性思考的方法

創意人自我訓練的方法有下列幾種：

一、水平思考法和垂直思考法

水平思考法（lateral thinking）的方法和名詞是英國劍橋大學愛德華・狄波諾（Edward de Bono）博士發明的。同時，此名詞也正式被收入《牛津英文辭典》，狄波諾博士專研於人類腦力開發而成爲全球馳名的創造性思考專家。狄波諾在他的《水平思考：創意步驟》中比較水平思考與垂直思考，他認爲水平思考如同發散性思考；垂直思考較似收斂性思考，不是歸納就是演繹。

水平思考法又稱發散性思考（divergent thinking），相對於垂直思考法（vertical thinking，又稱收斂性思考convergent thinking），前者以跳躍的、不符邏輯的、非因果論的點狀思考方式；而J. P. Guilford所發展的垂直思考則是邏輯因果的線性思考。後者以傳統循序漸進的問題解答形式，以事實、資料、推演和精確的字眼出脫答案，對廣告作業而言，雖缺創見，但使創意不易犯錯；水平思考以圖像、符號等非語文的隱喻形式，多結論、多選擇和多重意義的感性空間思考。發散性思考是從一普通的點開始，向許多面向擴散，達到邏輯選擇的方式。

Guilford分析出擁有高創意能力人的三項特質：

1.流暢的：創造快速。

2.彈性：能製造原創性，不同的領域有不同的解決方式。

3.原創：指與別人創意相同的頻率低。

表3-1 水平思考法與垂直思考法比較

	水平思考法	垂直思考法
特　性	右腦、感性、偏向聲音	左腦、理性、個人化
思考模式	1.多意義、多結論 2.多用隱喻法 3.跳躍式 4.類比式	1.先選擇方案 2.把事實和理由串聯 3.按照字面上的意義
例　子	好自在：想「飛」（翅膀，跳躍式連結） 口香糖：貓在鋼琴上昏倒（純發散性思考、扭曲式）	優生奶粉廣告中，園長：理性角色小朋友嬉鬧的「聲音」：情境
左右腦交叉運用 好的廣告要有劇情張力 例：中華豆腐廣告中，慈母心：塑造情境／風鈴聲／右腦／感性； 豆腐心：產品／左腦／理性文字		

資料來源：作者整理。

以廣告企劃程序而言，垂直思考結集資料、水平思考孕育創意，創意思考的訓練相輔相成，缺一不可。

二、聯想法（associative thinking）／焦點法

James Webb Young定義「創意」，是舊元素的重新組合。即爲聯想的精髓。

此藉心理學精神分析學派佛洛伊德研究人類的意識，所採用

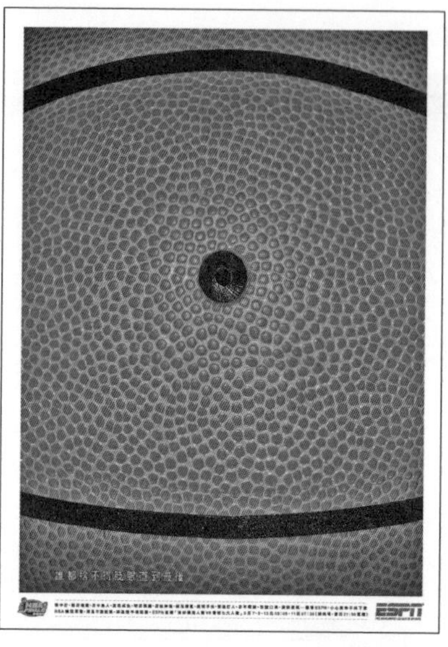

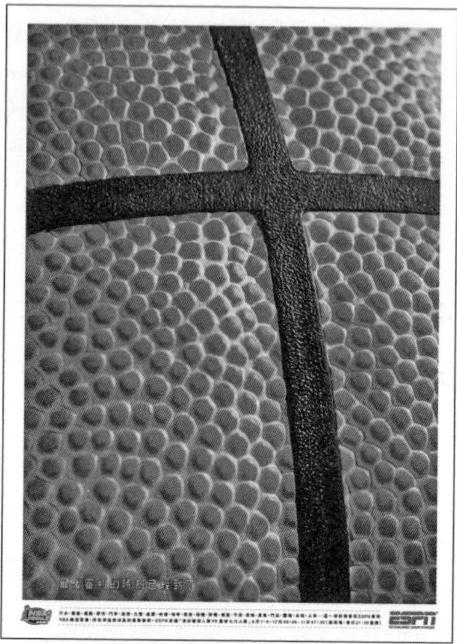

圖3-2　NBA籃球賽——十字架篇／眼睛篇

NBA總冠軍即將來臨，東西區二強精彩的對決，誰會是最後的贏家?
以局部的籃球特寫塑造出與十字架和眼睛相似的錯覺，暗喻NBA總冠軍賽的精彩刺激。

（圖片提供：時報廣告獎執行委員會）

的自由聯想技術（free-association）。James Web Young運用於啓發個人創意性思考，凡經由事物之間的關聯、比較和因果關係，由一起始點推想至另一領域的思考概念，稱之爲聯想法。又稱自由聯想，但不是邏輯性的聯想，聯結性必須由自己過去的經驗組合。

許多創造和發明來自於聯想法。聯想力的訓練在《十倍速成長教育》一書中歸納爲三項原則：「圖像化思考」、「趣味化掛鉤記憶」和「找關係聯想」，豐富想像力和增強記憶力。教育心理學家也鼓勵家長以圖像符號或生活情趣等串聯，啓蒙孩子的學習。

心理學家同時也認爲聯想是人類的特殊本能，大致分爲兩種：

(一)經由事物間的關聯性，比較因果關係

1.舊加新
2.反邏輯
3.紀錄：把聯想的資料留下來
4.蒐集新材料

(二)可以從不相關或相關的事物連結

例如美國知名鞋品牌Easy Spirit 以太空艙重要的元素「避震」和「抗壓」的概念，運用在製鞋技術中，針對需要長時間站立的對象（教師、醫護人員、空中服務員等）；而十元打火機的由來就是幾個不相關概念的組成——鋁箔包的、隨手丟、方形容量、十塊錢。

1.相似聯想／類比

又稱類比聯想法（analogical thinking），使用相似的事物作刺激推演；或隱喻法解釋過程；也可以是自由聯想刺激各種可能的關聯性（A is to B as C is to X？）（**圖3-2**）。例如貓爪與釘鞋與汽車的抓地力；拋棄式打火機和拋棄式立可拍相機；好自在衛生棉的翅膀聯想到想飛的心情，而感覺到好自在。以筆爲例：原子筆、鉛筆、水彩筆等。

2.對立聯想

使用相反的事物來作刺激，例如減肥就得少吃多動；礦泉水傳統的「旋轉瓶蓋」倒水改以「可拔可壓」或「吸吮式的瓶嘴」的出水口設計，方便消費者外出使用。

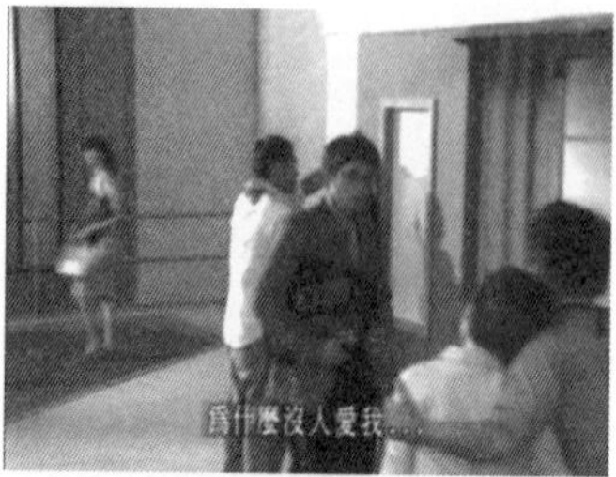

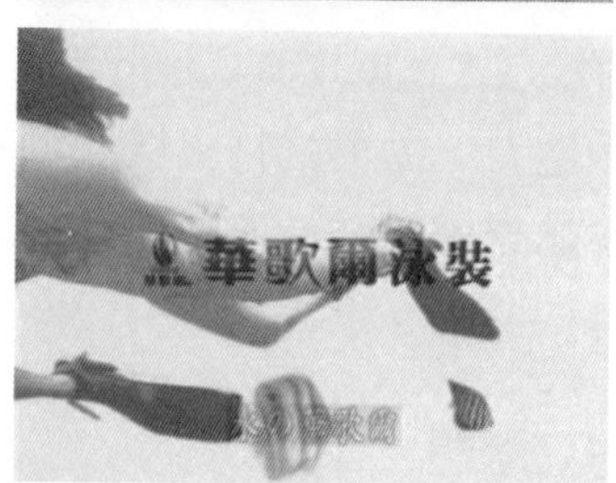

圖3-3　WACOAL——30週年慶

（圖片提供：時報廣告獎執行委員會）

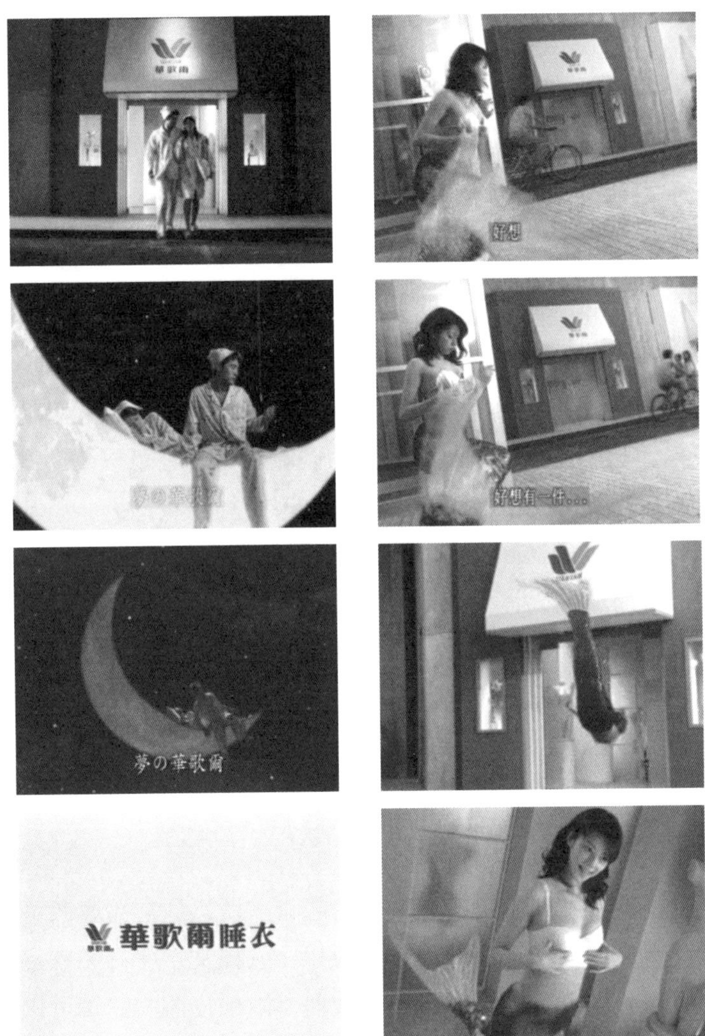

圖3-4　WACOAL——30週年慶

（圖片提供：時報廣告獎執行委員會）

3.連接聯想

直接以因果關係推論的聯想法，如減肥廣告訴求：要你少吃。

4.自由聯想

運用圖像思考：要設定主題、形狀、色彩、大小，例如以全部圓的東西開始想。

5.類比思考

聯結性思考適用隱喻和類比。隱喻是將上下文中的點抽離原意，再使聯想到相似之處。類比與隱喻相似，它可以幫助推論過程，因爲它解釋步驟和常規。

William J. J. Gordon發展出一套創意訓練的方案，是以隱喻和類比思考爲基礎，稱爲synectic。

他的公式：A對應B如同C對應於什麼，這是類比式的思考。他用自由聯想來刺激更廣泛的連結。目的是讓陌生的變熟悉，熟悉的變陌生。

三、組合法

兩種或兩種以上舊的元素組合起來，所以通常舊東西可變新東西。例如《讀者文摘》現今每月以十五種文字發行，就是當年發明者以舊（最佳）文章再出版成冊；附橡皮擦的鉛筆可以節省塗改的時間，就是將鉛筆和橡皮擦結合在一起；而日本新力公司（Sony）發明Walkman，就是結合音響和行動的概念，吸飲凍奶茶是咖啡凍＋奶茶、沙發床是沙發和床兩用、休旅車是汽車和旅館休息兩種用途結合在一起。

四、直觀法

瞭解事物非理性思考的過程，Blakeslee解釋爲：直觀的評斷不是一個步驟一個步驟來，而是立即的。也有人說是潛意識的思考過程；經驗與學習沉潛到潛意識的層級。有下列訓練的方式：

1.用經驗的方式，通常在潛意識內（直覺告訴你）／經驗當依據；第六感。
2.用大量形容詞描述、抽象的。
3.公式：形容詞（大量語彙）加上經驗。
4.一種頓悟學習與生活經驗相吻合用在此產品的命名，例如IKEA音譯「宜家」，所以賣家具。

五、改變觀點法

以新鮮或不同觀點去看老事物，把習以爲常的東西用新觀點看（想法的轉變，連原用途性改變），例如益壽多健康醋，原來是煮菜時使用的調味醋，但以身體酸鹼中和的概念重新詮釋，以飲料之姿出現；冬天吃冰——義美冰棒，吃完火鍋吃冰；雞精原本用來送給病人當補品，現在推出養生和個人補身體的用處。

六、新用途法

發現一個新的用途或改變原來的用途，但基本用途仍存在，尤其當商品遇到瓶頸時，提供一個新主張，有教育的味道。例如越野車（由代步的交通工具到健身器材）；斧頭牌發酵粉（特殊成分可除臭，改變新用途）；吃完火鍋要喝沙士、吃青箭口香糖可除口臭；嬌生嬰兒洗髮精重新訴求「寶寶用好，您用更好」，金莎花束可以當作情人節禮物。

七、變更法/改良法

通常藉著改變形狀，放大或縮小，加上其他東西功能，屬性可變可不變，日本人擅長用此法。例如捲翹睫毛膏（直→彎）；美國電影「推動搖籃的手」和「致命吸引力」其實概念相似；液態立可白發展成立可帶。

八、多面向思考法

用刺激做串聯的效應問題。主要觀點是面對問題時，會延伸十個問題以上，從中去找答案。例如王永慶的垃圾計畫，不斷問垃圾從哪裏來？雞糞、鴨糞爲何無法處理？最後在旁邊加蓋牧場，當肥料循環利用，找到解決問題的方法。

九、相似/類推法

用相似的形狀、東西、想法來刺激新的想法，通常可用隱喻的方式提出主張。

例如，薔薇的多刺與濃密可以作爲柵欄；美國一則勸導青少年遠離毒品的廣告，先以直接的方式對青少年"Yours who are hooked on life don't get hooked on drugs"，得不到效果，後來改以針對父母"It's about time. Parents became the parents"，因此，父母開始多關心小孩，也就減少青少年毒品濫用的問題。

十、類別列舉法

用組合法加變更法，通常在改良舊產品或開發新產品時適用。日本人將鉛筆、橡皮、尺等上班族必備文具用品組合在一起成爲「迷你文具組」，送禮自用兩相宜，旅行的盥洗用具——由牙刷、毛巾等結合而成。

十一、觸類旁通法（雙向）

通常是拿很多東西、看很多東西來刺激想法，從中獲得（常做集體創意、團體思考），或是多跳躍性思考有別於直觀法的直覺單向。例如故事接龍；聽診器的發明則是耳塞加空心木管（太硬），然後逐步改良爲橡皮管。

十二、迴法／高登思考法

又稱高登思考法，由美國威廉高登所發明的（William Gordon）。不跟問題的正面作對決（通常用很多問題原來的面，繞個圈 / 含先前經驗）；「繞個彎會更好」的想法，不與問題正面對決是此法的核心。許多台灣外銷歐美成功的產品回銷回來，如旅狐（Travel Fox）國人以爲是進口品牌而大賣。著名的本土電影「悲情城市」，初上映幾天即鎩羽而歸，後經由國外得獎重新包裝，再度轟動上映，也是迂迴行銷的典型作法。

十三、去除法

去蕪存菁，將訊息的噪音（無關的資料）稀釋掉，與「組合法」相反，挑重點，如同福爾摩斯的偵探辦案一般抽絲剝繭，例如捷運卡進站出站時刷卡排隊浪費時間，因此有悠遊卡，可以一卡多用。

十四、變更移植法

藉由產品形式或使用觀點的轉變，以舊變新的組合或新觀念的移植等，都屬此法之運用。產品開發的芳香療法是蠟燭加香精油、訴求髮淡妝的頭髮暫染膏，和果汁加礦泉水形成讓消費者喜愛的加味水；而以舊瓶裝新酒的方式帶出新的行銷觀念，如以百貨公司形式經營的NOVA電子賣場、內衣外穿或變換肩帶、手指眼影、三明治餅乾（夾心酥），健康醋將調味醋移植到飲料的概念上、潔牙口香糖EXTRA將防止蛀牙移植到吃口香糖上、指甲彩繪把人體彩繪的概念用在指甲上、把跳蚤市場、拍賣的概念運用到網路上，而有網路拍賣等新鮮創意。

把已知領域內新的原理、技巧、學說運用到未知的領域。如將打籃球的假動作移植到排球技巧之中；三國時代孫權送大象給曹操等。

十五、反置顛倒法

不按牌理出牌，逆向思考法。

擁有專利的3M自黏性便條紙的發明就是「反超黏」的做法，前扣內衣是突破後扣式內衣的創意，義美紅豆冰提出冬天吃冰的概念顛覆夏天迷思，金龜車化缺點為優點創造「Think small」的復古風潮等，皆是利用反向、顛倒事物的思考方式，突破問題的障礙並獲得解決。例如司馬光打破水缸、縫紉機、一九七八年二月亞洲女性內衣革命（華歌爾前扣胸罩）。

十六、追根究底法

遭遇問題時緊追不捨，直到水落石出（從問題正面去找答案），3M博視燈—— 去除傳統檯燈會反光的缺點。

十七、替代法

變更法的變形，全部零件、成分都可替代。例如火鍋由炭火→瓦斯爐→電磁爐；攝影機→監視器。

十八、重下定義法

常遇到問題鑽牛角尖，用另一種事物轉移注意力，重新下定義。例如總統府，本來是總統辦公之地，現在可供民眾參觀、遊玩。儲蓄型保險（把保險當作一種儲蓄行爲）；龍巖建設等專賣靈骨塔的產品，加入「生前契約」的概念，有別於以往直接推銷，較易爲消費者所接受，7-ELEVEN突破以往「便利商店」的形象，不是只有購物、買報紙或是食物的功能，還可以幫你洗照片、宅即便送東西，甚至辦年貨、預購等等。

十九、切割問題法

把大問題化成小問題，類似去除法，但此法有歸類，例如用切割法替癮君子戒煙，從十六根→十五根……一根。永慶房屋的「一分鐘宅速配」新概念，將過去房屋仲介所產生的麻煩，像是花費時間長、必須到現場看屋再聯絡屋主等等，打著一分鐘就可以搞定買方以及賣方的概念；可燒錄以及自動錄影的DVD放映機，打破以往自用V8或DV拍攝的家庭生活或其他紀錄只能以錄影帶型式收藏；電視機的子母畫面功能，突破傳統電視所不能做的，像是只能收看一個頻道而不能同時收看兩個節目以上。

二十、化缺點為優點法

將缺點降到最低，不去逃避，且充分利用缺點，例如美國華盛頓蘋果，在雪地中生長，變脆了，更好吃；中興百貨的廣告訴求「一年買兩件好衣服是道德的」；金寶山景觀墓園之前爲鄧麗君的墓地，現在轉變爲公園。

Advertising Creativity : Concept & Practice
廣告創意
第四章
策略性思考

「大創意要求靈感，策略則要求推論。」——Peter Outer

策略指明訊息的方向，大創意使策略鮮活起來。

策略的本質

一般談策略皆在管理領域，管理大師Peter Drucker認爲：「高級的管理者須思考企業的願景——瞭解事業目前是什麼，將來要怎麼走，從事目標的訂定及規劃未來的發展，就是策略。」亦即，爲了明天的結果而做今天的決定。管理學者Mintzberg定義策略：「一連串的決定和行動的一種型態」。也就是說，策略並不僅止於公司想要去做或計畫去做而已，而是「眞正所做的」就是策略。

一個好的廣告作品通常並非只是一個想法或一個點子的乍現，廣告主之所以會有致勝的優勢，完全是由於「策略」的成功。如果僅僅是以創意的觀點而言，藝術作品型的視覺表現或優美的文字堆砌，通常無法根據科學的觀點評估其優劣或好壞，而廣告是一門科學的藝術，實需要以科學化的調查、數據化的效果，先研判其策略正確與否，再談創意的好壞。這即是廣告策略性思考的原點。

所謂策略性思考，是指以相關於現有目標、計畫目標、資源分配，以及企業和消費者、競爭者和環境中其他因素之間的相互關係等，作爲思考的切入點。因此，策略性思考應考慮：目標的達成、企業或產品的焦點爲何，以及市場環境分析，更重要的是，策略應是具體可執行的。

James Webb Young 在其所著的《創意產生的技巧》（*A*

Technique for Producing Ideas）一書中，提出「創意四重奏」的概念，認爲廣告創意的思考方法與一般創意的思考方式不同，廣告創意的思考須在特定的條件下進行和產生，即是：

1. 廣告創意須是行銷需求的。
2. 廣告創意的發展須是策略的設定範圍。
3. 廣告創意有時間和預算的考量。
4. 廣告創意著重銷售和廣告效果。

廣告創意策略的發展有兩大路徑來源：一爲由分析環境狀況，藉管理學觀點作策略性思考，如SWOT分析；另一則由行銷學或廣告學作後盾，像USP和定位法等。

策略性思考的方法

策略性思考，簡而言之，就是「爲了確保企業的基本目標能夠達成，所設計的一種一致性、全面性、整合性的思考計畫」。所以策略性思考的方法提供一些多元想法和不同領域的角度，可以將策略轉變爲行動和結果。

一、一般性策略（generic strategy）

策略大師麥可・波特（Michael Porter）於一九八〇年代出版《競爭策略》（*Competitive Strategy*）一書，將產業經濟學中早已成熟的概念——產業結構對廠商競爭行爲的影響、進入障礙、上下游的相對談判力、對局理論等，轉換成企業策略的語言，以及策略思考的角度。依照他的定義，競爭策略就是制定一個計畫，來維持及強化公司的競爭力，以面對其他強而有力的競爭對手。同時，他認爲有三個一般性的競爭策略，分別是：(1)成本領導（cost leadership），想要維持市場競爭力，必須有較同業更低的成本；(2)差異化（differentiation），創造並提供獨特之產品和服務，以吸引並滿足消費者需求，並且增加產品的附加價值；(3)集中化（focus），選擇市場區隔，提供產品給特定顧客，而且比競爭者更瞭解產品和提供更好的服務，以產生價格利基。

換言之，一般性策略只專注於強調本身具有特質或可創造開發的潛力，如成本、產品力、服務等附加價值，不特別強調與競爭商品之差異，或商品如何優越，只說明商品的特長。這種策略常用在特別創新的商品，在該商品範疇裏競爭者少，幾乎屬於獨占的品牌，例如「滴滴香醇意猶未盡，麥斯威爾咖啡」、「味之素是調味料的代名詞」等廣告文的說法，就是屬於這種策略。

二、環境分析法（SWOT, Strength, Weakness, Opportunity and Threat）

環境分析是管理者策略規劃的工作程序之一，而廣告也藉此方法作爲推演策略的重要思考。其思考點在於藉由對企業外部和內部環境的分析和掃描，瞭解企業所處的機會點（opportunity）和所面臨的威脅（threat），並評估其優缺點（strength & weakness），朝目標前進。

1. SWOT原型：環境分析

■ 外部環境分析（O&T）

客觀環境中有利和不利於企業發展和經營者，稱之爲機會和

表4-1 SWOT分析的內涵

分析Research	策略Strategy	表現
市場調查 競爭者資料 產品資料 資料 策略	目標市場 T.A. 廣告 創意目標	訴求 手法 調性（Tone & Manner）
※三種目標 廣告目標：訊息、知名度、廣告前後的影響 創意目標：表現方式，閱聽眾能接受和接收的訊息，訊息用什麼方式表現 行銷目標：銷售數字，廣告後可創造多少銷售		

威脅。包括檢視整體環境的因素，如人口統計、經濟、科技、政治法令和社會文化等；個體環境因素也是考量之一，包括消費者、競爭者、配銷通路、供應商等。例如，台灣加入世界貿易組織（WTO）對某些企業而言是機會；而兩岸情勢的變數，則對一些企業產生威脅。

■ 內部環境分析（S&W）

企業資源主觀條件中，明顯優於或劣於競爭者。檢視的內容包括企業和產品本身，企業和品牌的形象、產品力、廣告力等皆是定期評估和自省的重點。

內部分析 －主觀條件	S優勢 市場領導 強力潛力 高品質產品 成本利潤高 授權（專利）	W劣勢 庫存量大 市場供過於求 管理變動 不佳市場反應 缺乏管理深度
外部分析 －客觀條件	O機會點 新的海外市場 設立障礙 競爭者的力量減少 多角化 經濟景氣回升	T威脅點 市場飽和 被接收的威脅 國外低成本競爭 市場成長緩慢 政府法令規章限制

2. SWOT變型：情勢判別

戰術 \ 戰略	正確	不正確
有效	S+O 有勇有謀 如魚得水	W+O 有勇無謀 死得快
無效	S+T 有謀無勇 紙上作業（空談）	W+T 無勇無謀 死得慢

3. SWOT轉型：策略擬定

	S	W
O	**大張旗鼓向前走** 案例：台鹽品牌再造成功進入美容產品市場後，更由傳統通路走向百貨公司，直接與國際品牌叫陣競爭。	**奇兵致勝** 案例：電影《悲情城市》先至國外參展得獎後再回台上映，叫好又叫座。
T	**謹言慎行度小月** 案例：台塑石油導入市場初期，因油品後援供應未能立即完備，故未做任何行銷活動。	**不如歸去** 案例：美國溫蒂漢堡（Wendy）眼見台灣市場無望，立即退出。

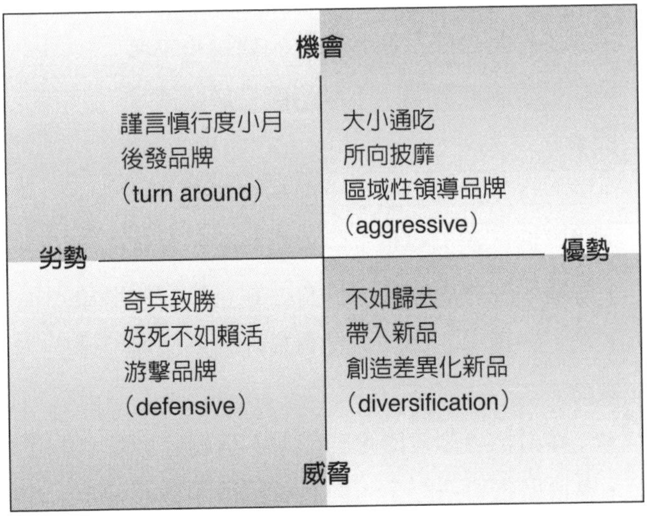

劣勢 ↔ 優勢	機會	
	謹言慎行度小月 後發品牌 （turn around）	大小通吃 所向披靡 區域性領導品牌 （aggressive）
	奇兵致勝 好死不如賴活 游擊品牌 （defensive）	不如歸去 帶入新品 創造差異化新品 （diversification）
	威脅	

（二）SWOT分析舉例

以下舉一學生演練之產品爲例：

產品名稱：世新大學公共關係暨廣告學系廣告組二年甲班

1. SWOT分析（原型）：描述要精確

1. 優勢：
   - 學生執行能力強，創意點子多
   - 辦事能力好，對於事情的責任心也足夠
   - 年輕有活力，反應能力快
   - 熱心參與系上的活動與團體，有一定的向心力
2. 劣勢：
   - 大部分人太過以自我爲中心
   - 上課不容易集中精神，沒有危機意識
   - 缺乏硬體設備，學生擁有的器材也不多
   - 學長姐制度薄弱，不易將優良傳統傳承
3. 機會
   - 校方以及教師對廣告二甲評價不低
   - 業界爲世新大學畢業的傳播學院校友眾多
   - 傳播學院歷史悠久，具有一定且良好的形象
   - 班上的指導老師群，具有良好的形象與口碑
4. 威脅
   - 外界對私立學校既定的印象，有國立與私立的迷思存在
   - 專攻廣告科系不多，而且有刻板印象「廣告人比較驕傲」
   - 未來出路較狹窄，不是廣告科系的都可能是競爭敵手
   - 學生所觸及的環境較缺乏專業訓練課程，以及實際操作的訓練

2. SWOT變型：怎麼讓業界人士採用該系畢業生

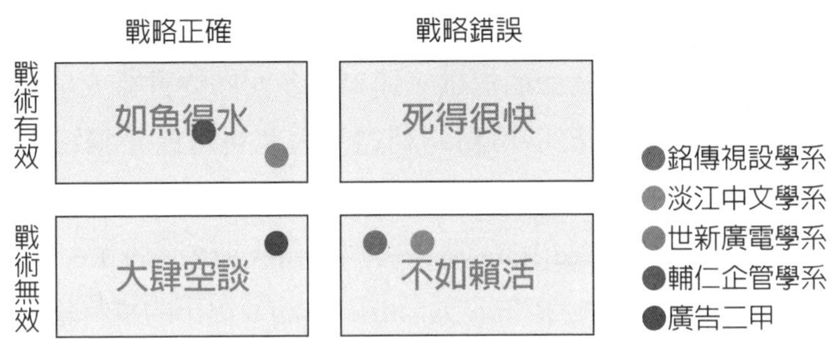

3. SWOT轉型：要用何種策略活下去

以本班向心力夠、易團結的優點，加上本身具備的傳播學院形象以及好口碑，提出「團隊行銷」策略爭取業界的好感，以團體默契與力量為出發點。同樣的，也因為固有的私立學校刻板印象以及未來出路不寬的較大限制之下，打出原本就有的優點——「執行力高」，將缺點轉換為原本優點的助力。

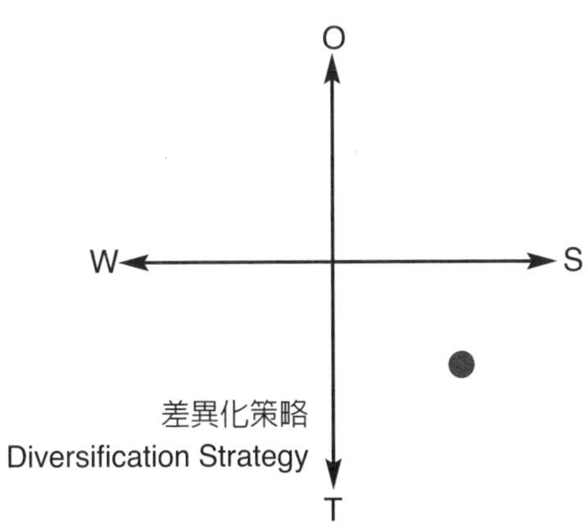

三、獨特銷售主張（USP, unique selling proposition）

獨特銷售主張是商品提供一連串、多面向的實質或是心理利益。有時商品只能提供單點的利益，因此也可能是獨特銷售點（unique selling point）。

一九四〇年，Ted Bates廣告公司以雷夫斯Rosser Reeves在其著作《廣告的眞意》（*Reality In Advertising*）提出的獨特銷售主張作爲其創意策略。雷夫斯認爲任何一個商品都必須發展屬於自己的獨特銷售主張，且不斷地重複運用在廣告上，傳達給消費者。這是指廣告創意上的USP。

然而，USP的另一項眞意可由產品研發的觀點切入。任何產品在研發過程中皆希望能產生與眾不同的獨特銷售點（Unique Selling Point），意即行銷人員所謂的「獨賣點」。如產品的專利發明或特殊的技術Know-how等，但隨著市場競爭和環境的趨勢，跟風品牌（Me-too）的窮追猛打，企業或廣告代理商無不以兩種USP的創造因應，即廣告上（廣告力）和產品研發上（產品力）的獨特銷售主張。例如好自在衛生棉的「翅膀」（產品USP），以張艾嘉名人代言的方式（廣告USP），成爲市場上領導品牌。M&M巧克力提出「只融你口，不融你手」的雙重USP的訊息。

(一)獨特銷售主張的特點

獨特銷售主張應包含下列三項特點：

1.實質利益：須包含特定的商品效益，每一個廣告必須對消費者聲明一個主張，廣告不只是文字或虛誇產品，而必須是提及商品利益和解決問題的聲明。

2.競爭者做不到（專利）：所強調的主張必須是獨特且唯一，而同質競爭品牌是做不到或無法提供的。

3.必須有調查背景顯示其商品力：必須與「銷售」有關聯，意即強而有力，足以感動消費大眾，能夠吸引新的或潛在顧客購買。

再者，獨特銷售主張的提出，通常需要對產品本身和消費者使用情形等做深入的追蹤調查研究。

美國Ted Bates廣告公司提倡USP原理，所謂USP，強調以獨特（unique）來推銷產品最有效果。USP應遵守下列三項規定：

1.明確的建議：如果購買這種商品可以獲得這些特別的好處。此項建議固然是廣告學開宗明義首先所主張的，但實際上大都疏忽了這一點。

2.獨特的建議：所謂「獨特」，是指你的商品有什麼特點是競爭對手的商品做不到的，或者競爭廠商的廣告所未曾表現出來的。

3.有助銷售的建議：譬如美國高露潔公司，曾爲其新產品在美國做廣告，強調「Ribbon 牙膏如帶狀一般的擠出，使牙膏平鋪在牙刷上」。這的確是一種建議，而且很獨特，但對產品銷售並無助益。於是Ted Bates廣告公司提出建議，牙膏廣告應強調使用這種牙膏「牙齒漂亮，口氣芬芳」。本來牙膏這種商品，任何廠牌都可強調「牙齒漂亮，口氣芬芳」，但這句廣告詞是高露潔公司最先開始打出來的，而且歷久不變，因此，這句廣告詞便成爲高露潔Ribbon牙膏的代名詞，此種情形，如果其他公司的牙膏廣告也採用這句廣告詞時，可能被誤認仍是高露潔的產品。

所以說，符合USP的最佳建議，是根據廣告的商品分析和消費者使用該商品的反應而創造出來的。

(二)如何找出USP？

1.分析商品的實質和附加利益點

feature有形的實質利益點
：本身具有的可以被取代的
attribute無形的附加價值
：含附加價值、心理意義

} Benefits →USP

2.公式法

以公式將feature和attribute轉化為USP或廣告標語或流行語（slogan）。

從Feature轉化成Attitude，即Promise給一個品牌意義公式

公式1.假如你買……，就會有……的好處。（轉化成USP、slogan、OS）。

承上述學生練習為例：

假如我選擇廣告二甲的學生，就會有高度執行的力量！

轉化為slogan：

如：買斯斯，就不會四肢無力！

用水洗屁屁，不用擦屁屁！（和成牌馬桶）

為家裏的每一張嘴解渴！（黑松）

公式2.我賣的不只是……，而是……。

承上述學生練習為例：

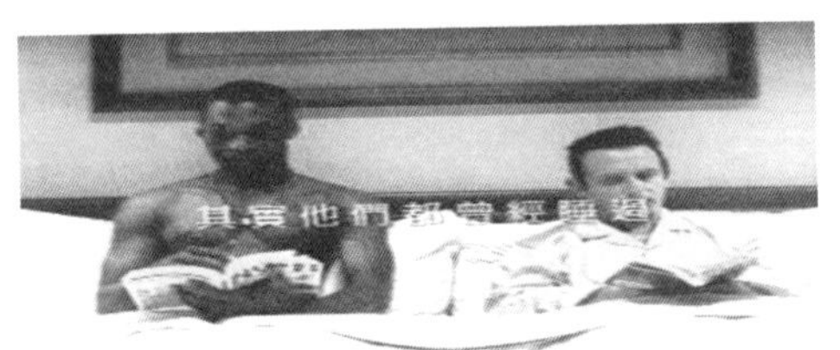

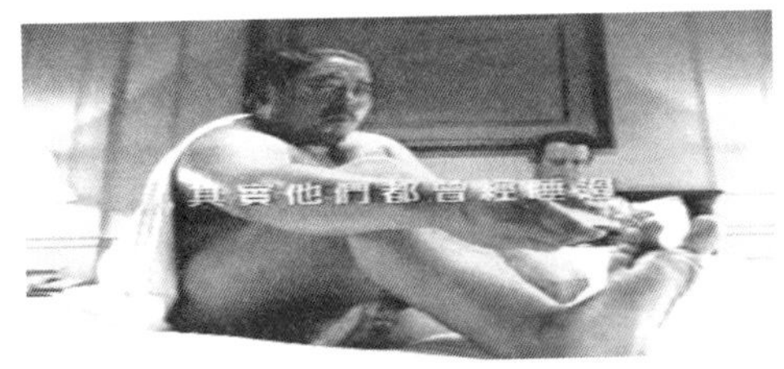

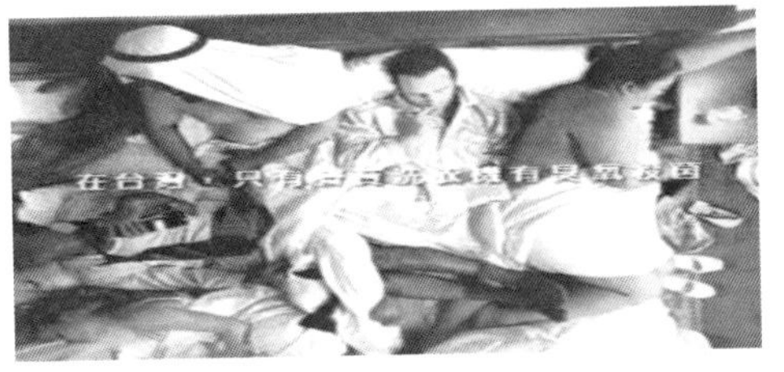

圖4-1　聲寶臭氧殺菌洗衣機——飯店篇

超寫實的影像手法，同一張床單上睡著不同天住宿的房客，藉此強調對歐美國際飯店，為了達到衣物的“真乾淨”，都用臭氧來洗淨衣物！傳達出「臭氧殺菌　乾乾淨淨」的產品利益點，以凸顯「在台灣只有聲寶洗衣機有臭氧殺菌」的訊息，並區隔其他品牌，延續「專業級」洗衣機的品牌定位！

（圖片提供：時報廣告獎執行委員會）

我買的不是廣告二甲的學生，而是一份有執行能力的力量。

轉化爲slogan：

如：我賣的不只是車子，而是家的延伸（大發汽車，家以外的延伸）。

我賣的不只是豆腐，而是母親的關懷（慈母心，豆腐心——中華豆腐）。

新好男人的優質房車（Nissan）。

您方便的好鄰居（7-11）。

輕鬆一下（波爾茶）。

3.商品屬性概念分析（Feature Mapping）

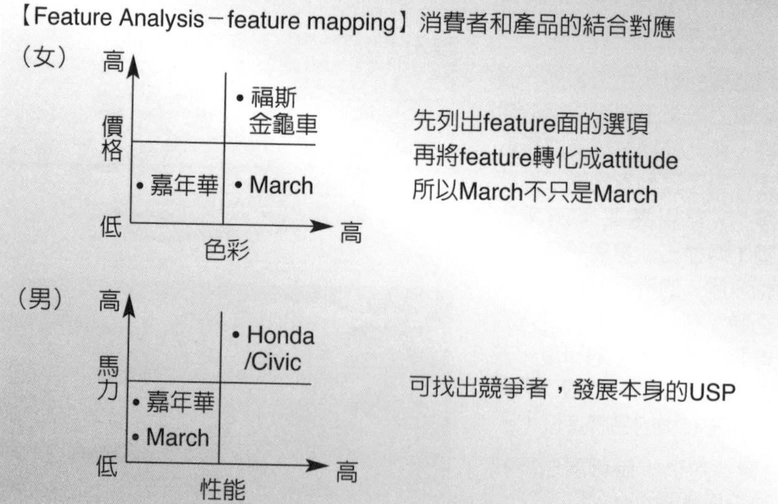

條列商品所有有形或無形的屬性利益點

兩兩屬性配對

與競爭者比較

發展屬於商品的USP

四、定位法（Positioning）

定位法是由Jack Trout（1969）提出，Al Ries（1972）在其所著的《定位——心理戰場》（*Positioning, the battle for your mind*）大力鼓吹此概念，他們對定位的描述為「定位係一企業企圖幫產品在消費者心目中創造一特定形象，以便與其他競爭產品產生不同，能深入消費者心中，並占一席之地」。大衛奧格威在一九七一年也倡導「定位是說明產品能提供什麼，是給誰使用等切入點」。所以，定位是商品在消費者心目中的位置。

商品定位的觀念，在廣告界導源於一九七〇年代，自八〇年代以後，「定位」一語逐漸與品牌印象被用作同一內容。但「定位」與「品牌印象」不同，前者寓有競爭的意識，因為消費者面對洪水般的廣告氾濫，已無法自廣告中辨認商品的好壞，所以才有商品「定位」的理論問世。

商品定位，是於「競爭狀態中，定一位置」、「消費者的需求」、「商品特性」三者，綜合考慮所構成的觀念。它不但包括品牌印象和USP兩方面的戰略，同時還超越了它。商品定位理論最典型的例子，是美國Avis出租汽車"Avis is only No.2."的廣告活動。

所謂商品定位，在於發現：(1)訴求其他廠牌所未訴求的獨特之點；(2)該獨特之點是消費者所需要的；(3)那才是商品的特性。譬如某巧克力棒，由於它被定位在「餓著肚子加班時的簡速食品」，這和其他品牌巧克力棒以兒童爲訴求階層相比較，是十分獨特的，同時符合商品對象的需求，可以說是十分恰當的實例。

一言以蔽之，商品定位在於發現商品在印象圖（image map）中最適當位置。

(一)定位考慮的因素

產品定位時應考慮整個市場環境的潛力，即市場量是否具有足量性（夠大與否）；而目標對象的清楚界定和消費者對產品定位的認知有助於集中行銷焦點；包裝、價格、促銷、廣告等行銷元素和競爭者分析，則可使定位區隔更明確。

商品在消費者心中所占的位置是累積下來的：(1)attraction：排除所有的噪音。(2)keep：站穩位置。大衛奧格威說：「用廣告或行銷手法，讓產品進入消費者的心目中」。而任何產品的定位應該在「第一」。

(二)如何做Positioning？

「某產品對目標消費者（target audience/market）而言，比某競爭者（competitor）更好，因爲它提供某些利益點（certain kind of benefit）」（不等於USP，要有產品力作後盾，且是唯一），轉而爲slogan、character人物、旁白OS、情境situation或是主張theme。

如果以上述學生練習爲例，以產品的特性做定位——世新大學廣告二甲的學生擁有高度的執行能力。

【定位三元素】

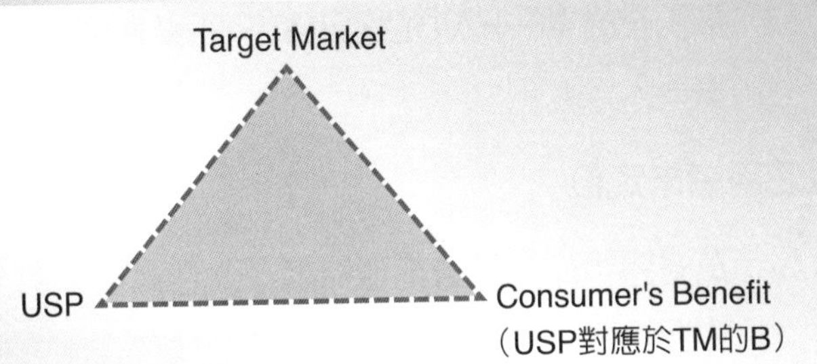

e.g. 潘婷洗髮精對25-35歲的消費者而言，比沙宣更好，因為它提供了膠原蛋白

e.g. 沙宣洗髮精對25-35歲的消費者而言，比其他品牌更好，因為它提供了保濕因子、造型（擁有沙龍般的美髮）

(三)定位的切入點

以各種不同的方式作定位，可以是直接的產品切入；也可以經過轉換成代表性的人或物（character）、情境（situation）等。

1.以產品的差異化作定位

不見得眞的有差異，只是有些品牌有說或先說，而另外的品牌沒說。

如：潘婷提供膠原蛋白

沙宣提供沙龍般的美髮

SKII化妝品以產品重要成分“petera”訴求美白效果，有別於其他品牌的「果酸」成分，即是明顯的差異化的作法。

2.以產品最重要的屬性作定位—實質利益點

如：最安全的車——VOLVO汽車、最省油的車——Honda汽車等。

3.以使用者來定位

如：萬寶路牛仔、維吉尼亞涼煙（女性專用香煙）
中興百貨——家庭用品、上班族婦女
衣蝶百貨公司——以女性生活大店爲定位
小兒利撒爾感冒藥——以兒童爲目標對象

4.以使用時機作定位

如：舒跑——運動後喝，補充水分
醫師推薦，流失水分、發燒喝
義美冰棒、黑松沙士——火鍋後吃，可徹底涼快

5.以不同的產品類別作定位

如：肥皂和沐浴乳分占不同市場
可樂（可口可樂）和非可樂（七喜7-up）
奶油和人造奶油（乳瑪琳）分屬不同市場區隔
花王若碧絲洗髮精是頭髮的化妝品

6.以品牌作定位

如：美克能→金美克能（治頭皮屑）
肯德基炸雞令人吮指回味
達美樂的外送披薩

7.創造聯結度

通常以卡通造型、人物等作柔性品牌印象連結。

如：伯朗咖啡的Mr. Brown
波爾茶創造「鼻子尖尖、鬍子翹翹、手裏拿根釣竿」的休閒人物
家樂氏玉米片的東尼虎

8.以解決消費者需求的角度

如：小飛柔兒童洗髮精（不掉淚配方）
克異香——防止狐臭
多芬洗髮和沐浴用品談多含1/4乳霜——多滋潤

9.以競爭者作定位

如：美國艾維斯（Avis）租車公司以「我們是第二名，但我們比第一名更努力」直接正面與第一品牌赫茲（Hertz）作定位上的區隔。
維力食品公司推出的「小心點兒」休閒零嘴，直接和統一「什麼玩意兒」搶奪市場。

10.遠離競爭者作定位

如：春風面紙以珍藏藝術名畫作為外包裝，強調藝術行銷，與舒潔等其他品牌強調柔軟和幾抽等訴求作區隔。

此外，定位須考量市場環境、產品本身和產品生命週期等因素，故產品初定位進入市場後，也可能經歷「再定位」（repositioning）的策略規劃。

五、品牌形象（Brand Image）－David Ogilvey

一九五〇、六〇年代由美國奧美廣告公司（Ogilvy & Mather）大衛奧格威提出品牌形象的重要性。他認爲威士忌、香煙、啤酒這種商品，競爭者間不易看出有多大的差異，如何轉化廣告表現才是主要課題。因此他主張，培植品牌擁有的威信（prestige），使消費者保持對品牌長期的好感，從競爭品牌中確守自家品牌的優越地位。

這種策略構想，必須長期使用某一象徵，藉以強調高級感、高品質，多起用名人或有個性的人作象徵人物。採用品牌印象策略，只考慮印象也不能成爲策略，爲了創造印象，必須以行銷爲基礎。

1.「說什麼比怎麼說重要」"What you say is more important than how you say it."
以長期品牌行銷的觀點而言，廣告須盡力維護一個令人激賞的品牌形象，犧牲短期利益。像折扣和減價的促銷手法，可以立即獲利，但卻無法讓消費者維持長久且良好的品牌形象。當產品趨於同質化，而品牌差異不大時，品牌形象和品牌個性的塑造十分重要，因爲消費者並非購買產品本身，而是購買品牌形象的心理意義。

2.買產品，是買產品帶來的意義，重視商品形象。

3.說故事，賦予品牌一個意義。李奧貝納廣告公司（Leo Burnett）也以創造「品牌個性」（brand personality）和「品牌個性化特徵」（brand character），呼應品牌形象的策略；而追溯或發展「品牌故事」（brand story）賦予品牌意義，

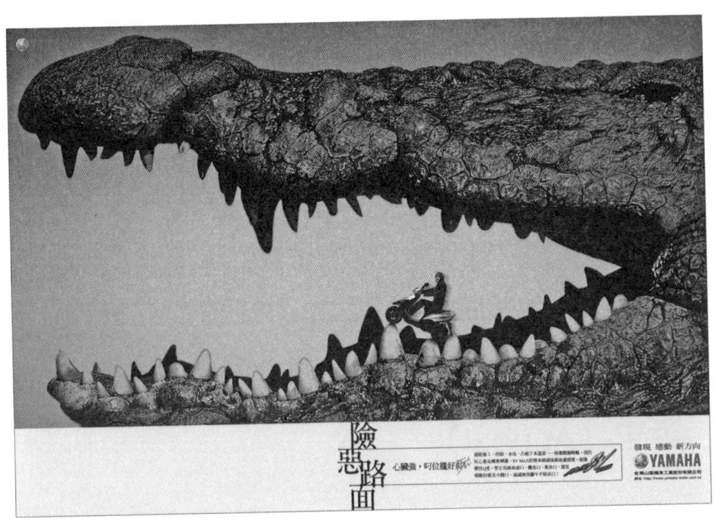

圖4-2 Yamaha sv max 125——鱷魚篇／刀鋒篇

以鱷魚的尖牙利嘴表現凹凸崎嶇的惡劣路況，YAMAHA SV MAX輕鬆騎行而過，凸顯其「賽車級副油箱後避器」的超強避震彈性，表現出「心臟強，叻位攏好ㄙㄣˋ」的品牌主張，塑造出媲美日本賽車級的產品定位。

（圖片提供：時報廣告獎執行委員會）

則是現代企業行銷的作為。如：白蘭氏雞精的「健康事交給白蘭氏」凸顯健康的品牌個性。星巴克咖啡連鎖（Starbucks Coffee）以「讓每一個街角都聞得到咖啡香」的品牌創業精神進入市場。Nautica的休閒服飾以帆船為品牌圖騰並作為企業精神。

4. 甲牌與乙牌差異不大，中間的差異隱含的故事（企業精神）。如：雅詩蘭黛贊助女性乳癌治療和健康檢查的公益活動推廣，並以黃絲帶作為號召。

六、訴求（Appeal）

What to say→How to say→Where to say →What time to say

消費者導向的時代，一切產品必須適應或符合消費者需求才能獲得理想的銷售成績，為使消費者感到需要且有所瞭解，故透過廣告向消費者以適當的方法、作適當的說明，進而使消費者產生購買行為，即為訴求。

1.多用消費者行為的基礎，針對消費者的購買動機、欲望，發出一連串的刺激，使消費者對廣告所推廣的產品產生好感，進而採取購買行為。

2.AIDA模式：訴求通常運用在消費者的購買過程（AIDA）產生一些刺激，最終目的是引起一些行為表現（Action）。
Attention → Interest → Desire → Action

3.階段性Appeal有效，但Appeal訴求只能炒一次（避免彈性疲乏）。

• 訴求的種類

訴求的種類可分下列幾種（一種思考的方式）：

1.正面訴求

直述產品的功能，直接談產品的功能、利益點，大多數商品皆採此種較「安全」的作法，有時也稱作單面訊息訴求（one-side effect），無任何包裝產品（賣藥膏法）的訊息，通常對於教育程度中下或老年人等，以此「一言堂」的方式較易奏效。

2.反面訴求

訊息用問題解決的方法，恐懼、威脅。以提醒、負性增強等方式提供產品問題解決的訊息。如安泰人壽的「黑色幽默」廣告訴求，即以「天有不測風雲，人生世事難料」的概念，提醒消費者事前購買保險的好處。

使廣告接受者感到恐怖，這種廣告表現是否有效？答案是在不同的條件之下，會產生不同的結果。從其結論而言，對身體有關的恐怖，如健康或生病、事故等，所做的訴求有效。但只有對廣告主信賴度高的時候，這種訴求才有效。

反之，如果社會大眾對廣告主不相信或覺得廣告主不值得尊敬時，用恐怖表現是危險的。再者，恐怖程度和效果有關，例如訴求癌症可怕和警告交通意外等的公益廣告有時無效，這是由於恐怖的程度過大，消費者會避免接受這種訊息或淡忘這種訊息所致。一般而言，恐怖感以中等程度效果最大。譬如「有口臭使他人嫌惡」、「不刷牙將招致拔牙之痛」，這種程度的恐怖感，對說服是有效的。

3.正反兩面訴求

常見「使用前後」的比較式廣告即是。又稱「雙面訴求」（two-side effect）訊息，尤其是針對教育程度較高、都會型的消費者，訊息的提供上應以兩種或多種角度，使消費者握有決策權。即訴求妙鼻貼這種產品可迅速解決粉刺的煩惱、價格合理等優點，但可能會使毛細孔變粗。

4.感性訴求

不強調產品功能，而以感官刺激（動容等）為主，重視情境、氣氛的營造。像視覺衝擊（visual shock）、前衛派（avante-garde）、超現實主義（surrealism）等廣告表現，都屬於感性策略。這種廣告表現大都屬於意表外印象的組合，予消費者以震驚，為了比競爭對手的廣告更為醒目所做的廣告表現，都是屬於感性策略。

用這種策略作廣告表現，加諸於消費者的影響是情緒的，和競爭者商品比較，有極大的差別，以此為目的時，多採用本策略，因此，廣告表現並非完全以調查的資料作依據，而是廣告創作者的直感或創造力，成為策略而展開的原動力。

5.理性訴求

強調產品功能性，較具實證效果的訊息內容提供，可做測試。

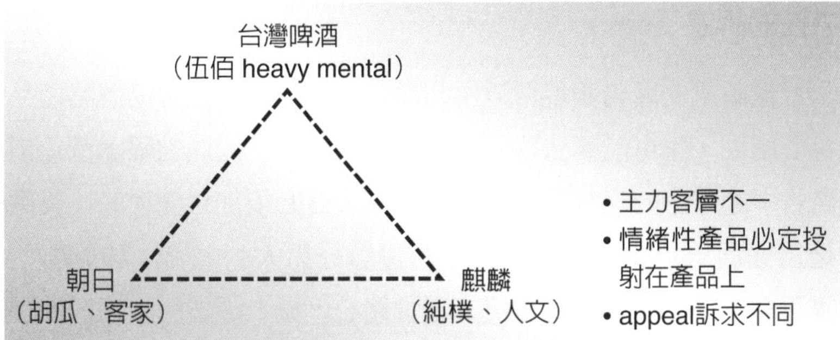

以下是以三種品牌啤酒爲例，說明其訴求的不同，品牌形象、定位也迥異。

品牌	代言人	定位	訴求訊息與對象
台灣啤酒	伍佰	台灣最青！	在地化認同的、重金屬年輕人
麒麟啤酒	吳念真	乎乾啦！	純樸的、人文的中青壯族
海尼根	啤酒本身	心靈環保	輕鬆都會的上班族或雅痞

6.幽默訴求

幽默形式的廣告以英國最盛行，因爲英國人最幽默。有關幽默廣告的效果，很多情形仍有難測高深之感。幽默確實會引人注意，提高信賴性，有助於再生與理解，但對態度和行動的影響如何，則不得而知。

幽默廣告唯一的好處，是幽默的內容和品牌訴求點一致，因此，當閱聽眾回想起幽默的內容，由於它和品牌訴求點一致，所以就會增加廣告商品記憶效果。

7.性的訴求（sex）

性訴求的廣告表現可以引起短暫的注意，但卻容易忽略產品重要屬性，也可能無法達到預期的廣告效果。因此性暗示或色情廣告引起爭議的反效果，是廣告創意人員必須加以深思的。反倒是以性別角色爲訴求，強調「新優質好男人」、「認眞的女人」等正面形象的廣告表現，使人刻骨銘心，發人深省。

七、命名策略（naming ctrategy）——操作面之首，掌握產品精神

命名流程

命名概念（naming concept）＝產品概念（product concept）

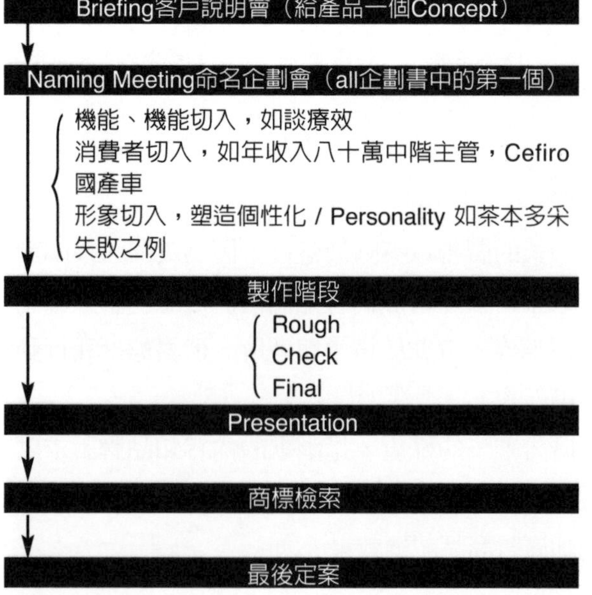

許多命名採語言遊戲，強調口語式習慣廣告語諧音、相關詞彙聯想、兩語句的拉近與結合。如：小心點兒、多喝水、大鵰，以及好自在衛生棉廣告表現美少女篇：要刻薄、不厚道、我愛吸血鬼。

(一)簡報實際作業內容（briefing）

A.給予產品概念（product concept）

B.給予消費者資料

C.客戶提供所有商品的資料（研發過程、特殊性等）

抓主要概念（main concept，客戶看的是這個），告訴客戶其優、缺點，並解決問題（外部）。

(二)命名會議（naming meeting）

A.商品有哪些功能？

B.把產品概念轉化成命名概念

C.在naming meeting中，實際操作naming 的方向

a.擬人化（從personality切入）：如伯朗咖啡

b.Tone＆Manner情調性，夢境方向：如夢17、心情飲料

c.復古型：經典小品、女兒紅

d.合成法：絲逸歡（不易成功）、飛柔——飛揚柔順

e.加長型

f.記號型：中文傳呼機

g.詼諧型：忍味條、話匣子、不吃不可

h.色彩型：藍山咖啡、綠精靈、紅魔鬼

D.命名企劃書（由copywriter寫），注意copywriter的專業，不可被AE剝奪

E. 其他brand naming的分析

(三)製作階段

A.選出關鍵語（key-word）──粗步構想（rough）的東西，大多是形容詞，設定一個遊戲／game規則，由創造性思考到B

B.策略性思考（要將附加價值考慮進去），消費者、商品特性結合起來檢查

C.最後作方向檢討。命名一目瞭然，考慮競爭品牌的名稱，條列出來。

(四)正式提案（Presentation）

命名企劃書要完成。一般來說，提出五至十個給客戶選，要按方向歸類。

如：三洋媽媽樂

- 根據商品機能提出……
- 根據消費者提出……
- 根據Tone&Manner提出……

(五)商標檢索

到商標局找資料，註冊下來；三至五個月才會告知該商標有無人註冊；動作要快，可委託代辦。

(六)最後定案（不要被設計人員主導）

給設計人員naming concept & naming方向，作logo和字體的設計。

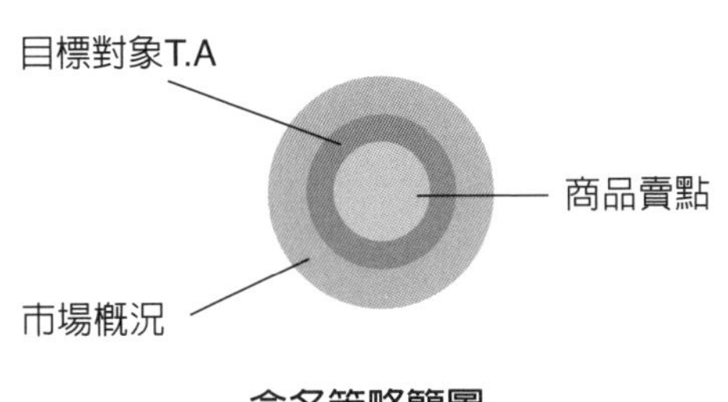

命名策略簡圖

命名企劃書的撰寫注意事項包括：以二至三頁爲佳，商品概念（含目標對象）、命名方向和概念、命名分類列出。

命名重要性，命名不好就不會成功。如小虎咖啡和左岸咖啡館掌握了下列幾個原則：琅琅上口、易記住、商品概念和時代趨勢。

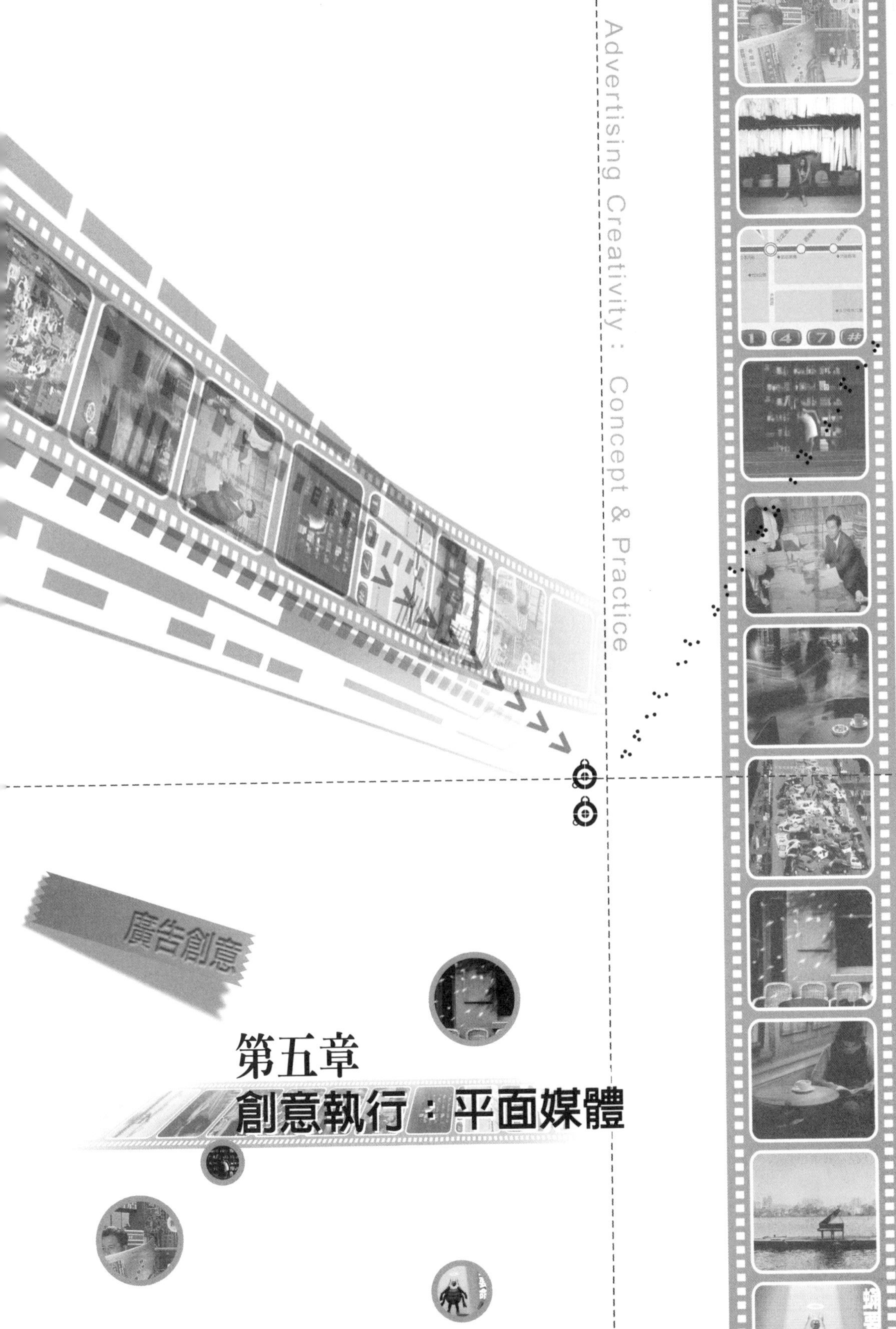

第五章
創意執行：平面媒體

偉大的廣告大師如大衛奧格威、李奧貝納或者是伯恩巴克，總是揮舞著魔棒一再覆誦著「廣告就是用有創意、有品味的方式呈現產品爲美好的特質」，但是，許多入行者便在不久就發現，所謂科學、藝術、創意、企劃都只是手段，獲利才是廣告的目的。

平面廣告創意

平面廣告的五個構成要素包括標題（headline）、佈局（layout）、顏色（color）、插圖（illustration）、文案（copy），這些要素是文案人員（copywriter）可控制的。

大致上，平面廣告進行的步驟可分爲四個階段：第一是草圖（thumbnail），畫很多張，多種形式的佈局編排。二是粗佈局（rough layout），選擇出適當的佈局形式。三則是做出半完成稿（finished layout），例如汽車要畫出來或貼照片，細部的文案要寫出來，包括字體大小和形式。最後便是完成稿（comprehensive layout），主要是提供完成品給客戶看的。

平面廣告在本節討論的範圍包括經常製作的雜誌、報紙、黃頁和小手冊，雜誌與報紙雖然都是出版品，但是卻有不同的創意，黃頁廣告和小手冊也是，皆有一個共同的製作形式——印刷，以下分述之。

一、雜誌（magazines）

雜誌廣告顏色豐富、製作精美、靈活的呈現，並且運用高度衝擊性的視覺和有趣的寫作，是相當華麗的廣告。

現在的雜誌具有高度的區隔，有一群特定的族群，尋求特定的利益。因爲雜誌的出刊期長，所以流動率高，相對地，廣告被保留的時間也較長。而與閱聽眾的關係上，因爲雜誌通常

圖5-1　宏利人壽徵募人員形象——豬頭篇

廣告版面上的黑色或彩色背景一直擴展至版面的邊緣，出血版的優點在於廣告創意表現的靈活度更大。

（圖片提供：時報廣告獎執行委員會）

是休閒的時候被閱讀，所以較不匆忙，能思考廣告的內容，所以雜誌廣告可比電視或廣播置入更多更複雜的訊息，這是雜誌廣告的一大特徵。個人的閱讀可以反映出自我的概念，什麼人讀什麼樣的書，雜誌是唯一有個人關係的媒介，也跟忠誠度有關。

(一)創意的動機

1.雜誌廣告必須符合市場區隔的利益取向，必須記住要寫和設計不同訴求，能吸引人注意的雜誌廣告。

2.服務取向，人們閱讀雜誌是希望吸取知識，娛樂的成分較少。

3.特徵描寫和故事，雜誌的風格在於其寫作的特徵吸引人注意、多采多姿，所以廣告也必須有這些特徵來吸引注意。

4.高衝擊性的視覺，雜誌內文會爲吸引注意而增加許多圖表、圖畫，而廣告也必須有些視覺的變化來吸引讀者注意。

(二)雜誌特殊的創意機會

媒體購買者應該知道，透過不同的技巧或組合特點，雜誌可以爲廣告創作人員提供許多創意機會，包括出血版、封面、插頁、門式折頁和特殊尺寸——如小全頁與島形半版等。我們將在以下對這些元素做一個簡略的介紹。

1.出血（bleed）：廣告版面上的黑色或彩色背景一直擴展至版面的邊緣，我們稱之爲出血（**圖5-1**）。絕大多數雜誌都可以做出血版，不過收費要高百分之十至十五。出血版的優點在於廣告創意表現的靈活度更大，印刷版面更大、更刺激。

2.封面位置（cover position）：如果企業計畫在某一雜誌上連續刊登廣告，可能希望買到搶手的封面位置。很少有雜誌願意出售封面位置作為廣告，他們可以分別出售封二、封三和封底，一般而言，這些廣告位置的售價相當高。

3.版面的特殊位置或跨頁形式：利用雜誌版面而花費又較少的一種方法是利用版面的特殊位置或跨頁形式。小單元（junior unit）是指安排在版面中央，四周圍以文字編輯的大型廣告（占版面的六成）。與此相似的是島形半版（island halves），周圍的文字內容更多，島形半版的收費有時超過平常的半版，但由於這種安排占據了版面的主要位置，因此，很多廣告主認為額外的花費有其價值。

4.插頁（insert）：有時，廣告主不購買雜誌的標準廣告版面，而是利用插頁。插頁，指廣告主先用優質紙印刷廣告，以增加訊息的分量和效果，然後把廣告成品送交給雜誌社，雜誌社收取版面費、手工費及郵資等價格，將插頁置入雜誌內。

廣告插頁既可以專門為某一公司的產品進行宣傳，也可以同時刊登幾家企業的廣告，並刊登與雜誌主要內容相符的專門評論文章。例如小別冊、專刊等。

5.門式折頁（gatefold）：是插頁的一種，但其版面比正常版面要寬，為保持與其他頁面大小一致，要將多出來的部分（或左或右）向中縫方向摺疊。讀者打開雜誌時，摺疊的版面像一扇門一樣自動打開，廣告就呈現在讀者面前，但並非所有雜誌都提供折頁廣告形式，且折頁版面的收費通常很高。

6.創新作法：二十世紀八〇年代初期，香味紙條（fragrance strips）成爲香水廣告主最鍾愛的形式，讀者在打開附在雜誌上的封印插頁時，可以透過香味紙條嗅到特定的氣味。雖然也有一些消費者反對，但香味紙條最終還是廣爲流行。

氣味對其他某些產品也同樣有用，例如，勞斯萊斯在《建築文摘》上的一則廣告，就利用了香味紙散發眞皮的氣味。化妝品生產廠家在雜誌上插入眼影、腮紅、口紅或其他化妝品的彩色樣品紙條（color strip），讀者可以馬上試用。這種廣告紙條製作成本較高，但許多廣告主認爲值得付出此一代價。

另一種成本較高的新方法是彈啓式廣告（pop-up ad.）。就像立體聖誕卡般，一打開即會有立體卡彈起，相當引人注目。

其他引人入勝的手段還有3D玻璃製作的3D廣告（3D ads.）、產品樣品（如紙巾或衛生紙）等。這些創新手法不僅吸引了讀者的注意，也使他們的參與體驗超過了視覺感官的範圍。

(三)製作的考量

1.重製的品質：雜誌廣告優於報紙廣告是它優良的重製品質，不只在印刷紙上不同，解析度的線素也不同。

2.另一特徵是設計訊息的截止時間較長（lead time），也可彈性的調整時間及心情。

3.頁數支配，雜誌廣告頁數是固定比例的，較少有其他競爭廣告來吸取注意，並且可控制廣告所需的頁數，半頁或跨頁，使衝擊性增大。

4.特殊的佈局：大部分的雜誌廣告是全頁的，但有些有趣的廣告是運用大小與佈局的變化來創造的，如前述。

二、報紙（newspapers）

報紙是由當地的零售廣告支配，以價格取向和簡潔爲主。

閱讀報紙者通常具有較高的知識水準，同時也會花三十分鐘以上的時間閱讀報紙。報紙對大多數人來說是可信的消息來源。

(一)報紙廣告的特性

1.報紙通常是零售導向且是屬於地區性的，廣告都是以各區的商店及產品爲主。但也會有全國性的廣告在報紙中。而各區不同的天氣、民情、風俗也會反映在報紙的風格上。

2.報紙強調新聞、資訊而非娛樂性。報紙廣告可提供最新及快速的資訊，以及反映周遭的環境。新聞通常很短，且替換速度快，大部分的廣告都是馬上建立廣告策略的。

3.另一個報紙廣告的特徵是有太多廣告要競爭，並且呈現混亂的局面。

4.圖表的限制，由於報紙紙質的限制，使得印刷效果不佳，所以在設計廣告時必須考慮到這些因素。

5.廣告在大部分的媒體是一種侵入，在報紙中是一種形式的資訊，尤其他們是主動的搜尋資訊，也使人們易於接受它。

6.閱讀者區隔不明顯（heterogeneous），報紙的特色是閱讀的人是不分男女、種族、年齡的。不一定每個人都會看你的廣告，但是每個廣告都一定會被看到。

(二)報紙廣告的種類

報紙廣告主要分爲圖片廣告、分類廣告、公告和預印插頁廣告。

1.圖片廣告（display advertising）

由文案、插圖或照片、標題、優惠券以及其他視覺元素組成。圖片廣告有各種大小的規格，除了社論版、分類版以及主要版面的首頁之外，圖片廣告可以刊登在任何版面。

圖片廣告常見的一種變體是閱讀告示（reading notice），看上去如同報紙的社論文章，其刊登費用有時高於普通圖片廣告。爲了防止讀者誤將這類廣告當作文章，這類廣告頂端要標明「廣告」（advertisement）字樣。

另外，零售商往往通過聯合（cooperative/coop programs）的形式刊登廣告，他們替某生產廠商銷售產品，由該生產廠家支付全部或部分廣告的創作設計和刊登費用，廣告以生產廠商的產品和標識爲中心，附帶當地零售商的名稱和地址。

2.分類廣告（classified ads）

爲社區市場宣傳各種形式的商品、服務以及機會：從房地產訊息到新車銷售，乃至就業和商業訊息。一般說來，報紙的收益取決於分類廣告版是否經營得當。

分類廣告一般按商品種類或需求分類刊登，大多數就業、房屋和汽車廣告均可以做分類廣告。

分類廣告通常按其所占的行數收取費用，有些報紙可以接受分類圖片廣告，這種刊登在報紙的分類廣告欄中，但字體更大、空白更多，有圖片或邊界，有時還會印成彩色。

3.公告（public notices）

只需支付很少的費用，就能在公告欄刊登合法的有關業務更改、人事變動、政府報告、團體或個人啓事，以及財務報告這類公告，這類廣告採用預定的固定模式。

4.預印插頁（preprint inserts）／海報

和雜誌一樣，報紙也可以附帶廣告主的預印廣告插頁。廣告主預先印好插頁，將其送到報社，由報社人員加插在報紙中。插頁的大小約是A4尺寸；形式有目錄、信用卡申請書和優惠券等。

一些大型都市日報還允許廣告主指定廣告插頁的發行地區。例如，有的零售商只希望到達自己經銷覆蓋區內的顧客，他們可以只在該地區版上夾寄廣告頁。零售店、汽車經銷商和大型全國性廣告主發現以這種方式傳播自己的廣告訊息，比郵寄或逐戶投遞的費用更低廉。

(三)設計考量

報紙較難呈現出半色調及複雜的字型，所以通常使用高反差的照片及較粗的字體。另一解決重製品質的方法是利用預先印刷插入，先將廣告印刷在好的紙質上，使得色彩呈現較佳。但是一般而言報紙的問題是色彩不精確。

三、黃頁（yellow pages）

黃色頁是具有指向性（directorial advertising）的，通常在電話簿裏的黃色頁廣告告訴人們要去買什麼，或哪裏買，尤其是知道自己要買什麼的人。有三個功能：(1)提供如同購物指南的服務，尋找資訊的方便指南，尤其是新來到城鎮的人。(2)商業參考，餐廳服務時間、地點的參考。(3)危機顧問，當需要找醫生或危機事件時。

• 創意考量

1.大小：廣告展示的大小是主要的考量，因爲閱聽眾常會以廣告的大小來衡量商店的成功或是名聲。

2.訊息設計：插圖的設計、辨別產品及服務的內文、特殊品類的品名標示以及可信度，都是設計的重點。

3.參考資料的豐富性：電話及地址是基本的資料，而附有地圖的商店使人容易找到，也比地址本身重要。

四、小冊子（brochure）

小冊子形式的設計是十分重要的，因爲攸關未來用途的延展和效用。小冊子通常有一些其他相關的印刷品包括產品的簡介單、傳單、促銷單、折頁印刷等。而其版式（款式）有許多不同，例如單面傳單、折頁印刷、多頁的小冊子等。

(一)設計過程

1.寫作：小冊子是屬於長文案式（long copy）的。通常小冊子的文案是先寫的，雖然是以粗稿方式（rough）卻能知道大概需要多少文案，也關係到整體佈局。

2.印刷：小冊子的樣版過程最重要，因爲它的設計及呈現最難。設計包含樣版、大小和摺疊印刷。印刷樣板模型呈現最後將會完成的樣子（dummying）。

3.閱讀模式：根據不同的印刷形式，有不同的閱讀模式，例如一頁接著一頁、跨頁，或甚至翻頁閱讀、拉頁廣告，都必須依照閱讀模式來設計訊息。

(二)製作過程

1.設計小冊子的第一步是創作許多粗稿，在選擇樣版時必須決定摺疊模式、閱讀模式，和基本元素的放置位置（thumbnails and dummies），將之製作成半成品（semicomp dummy）。

2.製作的最後一個步驟，意指元素都放置妥當，設計完成。不能展示給客戶看，純粹是製作用的。

(三)製作清單

1.估量與估價（bids）：必須列出小冊子的正式清單，用來估計和引導最後的印刷過程。估計是花費的粗略猜測。

2.清單內容：數量，寫清單的最重要元素是數量，印刷數量多寡會影響到預算，數量愈多，則每張成本愈低。大小，設計稿件的大小就是印出後的大小。色彩，印刷時有分單色、雙色套印、全彩（洋紅、黃、青、黑四色的套印）。紙張，紙質也是印刷的重點，必須選擇好的紙質才能印刷出較佳的品質。摺疊與綁起來，紙張的摺疊和樣式對印刷人員來說是重要的。特效，有許多印刷的特效，例如：切割不規則的形狀（die cut）、浮雕、貼錫箔／銀或金。

文案撰寫技巧

文案人員號稱「詩人的殺手」（Moriarty, 1991），因爲文案是有意識的創造精簡的文字來影響人，而好的文案必須贏在整體的藝術表現層次，即與視覺共同建立創意概念或主題。創意概念在開頭發展，在結尾加強，結尾強調行動性和識別性。大創意，是文案與藝術結合。

因此，文案須有結構性讓讀者依序閱讀。文案排版（display copy）架構了整個閱讀的過程，例如以前趨標題（overlines）或是後衛標題（underlines）、主標（headlines/catch/head）或是副標（sublines/subcatch/subhead）等形式書寫法來引導閱讀。其中重要的元素是吸引注意和刺激興趣，文案主體維持，內文維持興趣和解釋或證明關鍵點。亦即，文案的邏輯是控制整個佈局的過場或是轉折點（transition）。

一、文案的特性

文案具有下列特性：

(一)文案要用符合策略的文字

廣告文案用字要尋找雙關語或是有力的描述等來形成取悅、引發悲傷或是反諷的效果，使讀者產生印象。所以文案必須瞭解字的來源、意義或是表達心情的感覺等，才能在使用和轉化時引發共鳴和迴響。

(二)文案與文學不盡相同，但有共通美學基礎

文案與文學的風格是大異其趣的。文學的獨特性通常很容易展現作者的個人風格並進而知道作者是誰，但文案通常是反映產品訊息且是匿名的，尤其是多樣性的文案風格較具有價值；而文案普遍的特色就是口語化文字，以人的習慣用語來表達；文案常以短字句簡潔有力的表達，而文學則須鋪陳；文案也是一種策略性的催眠（strategic hypnosis），在很短的文字或時間內要達成銷售的任務，所以利用現在式或行動中的語言較易發展立即的情緒。

(三)文案用字的技巧

廣告文案中特別注重用字和發音的掌握，學者Vanden Bergh發現在美國兩百個知名的品牌中，有一百七十二個品牌名稱中有破裂音（英文中k、p、b、c、d、g是破裂音），如Coca-Cola、Burger King、Colgate、Pizza Hut，欲在市場上容易被認出必須使人第一次聽到品牌就有印象，台灣宏碁施振榮先生開發AB雙品牌（Acer, Ben-Q）就具有此特性。字的順序也可在句子中創造不同的效果，重點和重音的位置也可用來強調或控制閱讀的速度。Jingle是音樂性的標語（slogan），韻腳的使用很重要，因此要有節奏感；而slogan則是短而有力靠韻律的提升來記憶的。

(四)文案使用正確的調性

調性（tone & manner）是指用來描述表達的氣氛，通常包含顏色、細微的差異、情緒個性和氛圍。錯誤的調性會導致廣告無

效，例如賣弄學問、浮誇的語彙（brag-and-boast）、巴結諂媚讀者或打擊競爭對手的負面調性。

二、文案寫作技巧

文案寫作的技巧整體而言有五種：

(一)宣告

宣布產品或服務有時可稱作直線的寫作風格，通常用在新聞的發布，有兩種方式：直線風格，利用事實建立存在或以報導發現的；新聞，報導最近的事件，具新聞價值的事件可引發大眾的興趣。

(二)定義

用在新產品或是新的組成物。定義是字或句子的意涵，是概念的菁華。定義的其中一種方法是列出同義，並且解釋其中不同的含義。另一種方法是列出組成或片段的意義，通常都是定義產品的特徵或是產品的屬性。第三種是獨有的，用來辨別獨特的點。功能性的定義，以概念意涵爲立場。定義是結合其他技巧的寫作方式。

(三)描寫

心理學研究發現形象比字更容易且更快記住。目標在利用強力的描寫文案刺激形象的產生並建立概念。利用你的經驗轉移到文案上，愈有經驗，愈容易描寫；描寫就是知覺的詳述，人用五種知覺（聽、觸、嗅、感、嚐）來描述所經驗的事物。清楚的描述，是分析調性的詳盡描述，有兩個面向：順序及觀點。順序是知覺印象的次序，例如：回憶照片內容物的順序，而視覺的描述具空間性，西方標準是由左到右，上到下。文案通常會依照目標閱聽眾的觀點來寫，尤其是他們的經驗。再者，喚起，是從感知的描述轉到紀錄他們的聯結，它將感官的描述轉化成心情。而利用隱喻、明喻、類比來創造感知的印象。隱喻，辨別某物的特徵並連結到完全無關的事；明喻，某物與它物相似。隱喻的描寫有力，因爲給的印象如同照片一樣，感官的知覺都轉換成印象或記憶。

(四)敘述

寫故事，包括角色的獨特個性、心情等。軼事是最普遍敘述使用的方法；說故事的方法也是一種，似文章中的一部分，場景、演員特色、故事結局……都有布置；敘述可用來描寫過程，例如：發明、使用／製造產品，都與特徵有關。以策劃的方式將連續事件經過時間和導致結果的總結也是一種；設計對話是敘述的一種技巧，寫人與人的對話，像是會話的腳本，給人旁觀者的感覺。獨白也常用在廣告文案中，最常用的是證詞的形式，尤其是電視。

說故事是一種聲音的形式。說故事的小技巧（storytelling tips），必須在心中設立場景，發現個別角色的特徵，運用照片檔案，並根據角色替他們想台詞並錄音，再寫成文案。

(五)解釋

假設閱聽眾不瞭解訊息，將它轉移到標題上。在解釋未知事物前，必須用定義、描寫、敘述的技巧來解釋。當要傳播一個新觀念或是經驗給消費者時，要用解釋的，並且用文字去建構心中的圖片。這會有兩個問題，某些種類的差距以及人害怕嘗試新事物。因此，解釋必須要先刺激閱聽眾心中的問題形成。如以why、how、so what。

解釋的技巧，基本的是用例子，會使讀者清楚。另一個是用比較，指出相似和不同處。

總而言之，寫文案最大的問題就是要有趣，太多資訊反而會無聊。切忌文案混雜，即文案不清楚、不正確、沒有邏輯。以下分述文案各要項的重點與寫作技巧。

三、標題（headline / catch phrase）

廣告效果中有50%至75%來自大標題的力量。通常印刷媒體，尤其是報紙新聞式用法以重大標題稱之headline，但廣告作業習慣用catch phrase代之。標題是最重要的文案編排的元素，其功能如下：

1.引起注意：標題的主要目標是吸引讀者注意，使讀者停下來閱讀。

2.引發自我利益：第二個功能是吸引讀者的自我利益，當出現承諾某事或引起好奇。將自己當成讀者檢視文案是否具吸引力。

3.區隔和鎖定目標：另一項功能是分類閱聽眾並選擇目標期望。可以藉由問句或直接描述來區隔，例如：這是一部父親給女兒的車子。清楚目標的標題，也可直接區隔。

4.產品辨別：另一功能是辨別產品或品類。若花太多時間瞭解重點則會流失讀者。最成功的廣告是能辨別產品類別，還能辨別品牌。

5.銷售：最後一個功能是銷售訊息。它的基本必須是清楚的，例如以強力利益作爲標題。

(一)標題的種類

1.主標和副標（catch vs. subcatch / head vs. subhead）

傳統的平面廣告上的界定，主標的位置較明顯且字體較大，而副標的明顯度和字級的大小介於主標和內文之間。主要的目的是引導閱讀者依照主標、副標和內文的順序。但是現在的平面廣告製作受許多因素的影響，如圖像世代的年輕族群或是資訊爆炸改變閱眾的閱讀形式和習慣。因此，有時很難以文字的層級關係、字級、字型、顏色、版面位置等決定主副標，或是被閱眾讀取。

主標和副標有兩個目的：一是打破長文案並吸引閱讀；二最重要的是刺激興趣。

2.前趨標體（overlines）和後衛標題（underlines）

它們領導標題或從標題到其他的元素，功能是建立並加強前進，通常也用來打破甚或完成完整的標題到更短易讀的區隔。前趨標題是在主標題之上或之前，字體和位置較小，具有主標前導效應；而延續主標的是後衛標題，目的是將文字的語氣以三者連成一氣。而後衛標題與副標的差異是前者仍爲主標的一部分，而廣告中underlined 比 overline 更普遍，主要的目的是吸引讀者閱讀內文。

3.索引標題（captions）

次於標題的地位，但廣告中很少用，類似資訊功能，如以報

圖5-2　約翰走路Keep Walking Campaignh箭頭篇／三角筒篇

標題的主要目標是吸引讀者注意，使讀者停下來閱讀，符合廣告策略，傳達品牌精神。

（圖片提供：時報廣告獎執行委員會）

導、圖畫或照片的說明爲標題，嘗試去捕捉讀者的注意和刺激興趣。

(二)標題的撰寫技巧

大部分的標題可分類成產品或使用者導向，第三種是包含前述，並且玩文字遊戲吸引注意。宣稱、示範是屬於產品導向。利益、好奇心是屬於使用者導向，另外還有新鮮事、情緒式、如何式、文字遊戲。

1.新鮮事：有興趣的新事物可吸引注意。人們很難抗拒閱讀新事物，所以廣告標題都會出現「新」這個字。

2.情緒：標題有情感訴求是使用者導向。嘗試利用這些訴求去觸及情感底部，例如：驕傲、害怕、愛、恨。

3.如何去……：另一個使用者導向的標題特徵是如何去做。廣告教人如何去使用某物是再強調吸引注意，即自我利益。

4.文字遊戲：語言的轉換用在吸引注意，也可停止瀏覽。

(三)標題應該避免的問題

失敗有許多問題，通常是不能完成先前定的目標：吸引注意、自我利益、區隔閱聽眾、辨別產品或品類，或聲明銷售承諾。

1.混淆或不清楚的訊息，以致讀者不能瞭解。

2.以稱呼的形式（label）下標最不引人注意，尤其是以品牌名稱相同或諧音。因爲此種方式既靜態且無語言方向性和行動力，標題一定必須要有吸引人看內文的動力。

3.沒有動詞的標題應儘量少用，因爲動詞會增加生命力、行動性、活力。

4.懸疑式的標題（hanging heads），是不完全的思想，必須閱讀內文才能瞭解它的重點。雖然這是吸引讀者閱讀內文重要的手段，但研究顯示八成的人只閱讀標題，而不閱讀內文。

5.問題式的標題是發展好奇心和讀者的涉入感，但也可能事與願違。大部分的問題標題都太簡單，例如：你想要年薪百萬嗎？相反的問題較常見。

6.長標題：有些研究顯示在直接回應式廣告中長標題有用。大衛奧格威和John Caples相信文案要夠長到說清故事，然而大多文案書籍建議要短、精簡的文案。涉入度高的產品，即直接回應的廣告適合長文案；低涉入度的產品適合短文案。另外要看品類的形象，或傾向用何種文案。

7.可愛和做作是很難讓人注意的標題，通常是一知半解的。

8.轉借的利益，產品的特徵是與未預期的屬性或利益創造來聯絡或並列，這是用來增加未預期的轉移，也是另一型式的做作。

9.欺騙的標題在誇大的句子中可發現，通常會在一些廣告用語中。

四、內文（body copy）

內文功能在延續閱讀者的興趣，或是解釋和證明廣告內容（產品或服務等訊息）的關鍵點。有幾個重點必須注意：一爲文案點（copy point）的呈現，是藉由訊息中欲傳達銷售承諾（selling point）發展而來的一種文學技巧，如以描寫、敘述產品或服務等的手法來使訊息新穎，若文案排版可以成功引導閱讀內文，則會更加詳細介紹產品或服務訊息。遺憾的是，通常有八成的人不會閱讀內文，這就是挑戰所在。此外，如何吸引讀者的興趣也是一大學問，廣告文案寫得有趣才能吸引注意，但難的是，看廣告的人不見得是市場中的購買者，有趣的文案可能訊息寫得不夠清楚、誇張或是陳腔濫調。

• 內文寫作技巧

內文的寫作技巧有下列幾種

1.開端

這是重要的關鍵轉折，從讀者的涉入由膚淺到深入閱讀。引起興趣的工作已由整個文案排版來刺激，但與閱讀者關係建立並進而溝通的心情則是內文開端的使命，常見的作法有以標題和視覺介紹創意主題並引導內文；或是以好奇和模稜兩可的方式吸引繼續閱讀。

2.結尾的技巧

1.主題性總結（thematic wrap-up）：結尾也與主題和標題共同建立創意概念。標題介紹點子引導讀者閱讀內文，而完整性的總結可以再回到起始。

2.喚起行動（call to action）：wrap-up 另一個用途是喚起行動，具有call to action本質的廣告很重要，若是直接回應則call很重要，在邏輯或提醒與形象廣告較不依賴喚起行動的功能。

3.便利措施：這是使詢問或購買較簡單的手段，刺激的提供，例如折價卷，這是直接回應的便利性。

4.辨別：最後一個功能是提供公司或商店屬名，可用logo或品牌做辨別，通常不是在中間就是在右邊角落。

3.內文的主體

1.詳細闡述：中間部分的內文詳述銷售承諾，若標題是宣稱，則內文提出證明，它是邏輯且連續的重點。

圖5-3　Toshiba洗衣機——女僕篇／疊衣篇

內文功能在延續閱讀者的興趣或是解釋和證明廣告內容，藉由訊息中欲傳達銷售承諾。

（圖片提供：時報廣告獎執行委員會）

2.一致性：連貫思考的邏輯對文案整體來說是很重要的。

3.轉折（transitions），有兩種功能：一爲保持邏輯，建立創意的關係；另一是它告訴讀者他們已經到哪裏了，並超前什麼，用字例如因此、然而、從一開始……重複關鍵是另一個轉折的重點，它具提醒的功能。short-form是另一類型的轉折，代名詞是這種連接最普遍的例子，例如以「他」或是「她」第三人稱。同時欲表達的觀點也必須在轉折中呈現出來。

版面編排

版面編排（layout）又稱佈局是視覺元素的組織和計畫過程，它架構視覺的片段，使讀者容易閱讀。

元素間是有關係存在的，例如背景與前景、圖片與文字。

一、佈局的形式

廣告中有一些普通的編排模式被反覆的使用，且相當成功。

1.文案式（copy-heavy）

是較普遍使用的方式。用一個強力支配性的標題，接著是兩大段的文案，通常是新的宣稱風格，若有插圖，會在內文中間。

2.畫框（frame）

是copy-heavy的變化模式，將文案用藝術框包圍，通常是產品相關的插圖。

主要是提供裝飾或吸引注意的編排方式。這一種普遍的模式，由Roy Paul Nelson描述在其廣告設計的書中。與非正式或不對稱的編排相關，結合藝術與文案創造出具視覺吸引的形狀，將元素群組成不規則的形狀。通常白色空間被當成是外框。

3.圖片視窗式（picture window）

圖畫或是文圖最基本、最普遍的編排方式，也是廣告中大量使用的方式。運用大塊支配的藝術，跟隨著標題與內文，最後是品牌標示。它是垂直且對稱的。

4.多格式（panel）

用格子來架構元素擺放的位置，尤其是用來組織有許多藝術元素的廣告，例如百貨公司的廣告。運用垂直或是水平的相似大小區塊來設計。適合有步驟解釋的形式來表現，或是展示產品各種不同的風格，或是同一產品的各種不同觀點。

5.馬戲團（circus）

通常是量販店或百貨公司週年慶的廣告，強調量多、價格便宜和熱鬧的感覺，以不規則的多格方式出現。

6.孟德律式

是整齊的馬戲團表現方式。交錯的長方形、垂直水平的線條凸顯內容的豐富與多樣性，塑造一種非正式的平衡感。而每個長方格內都有文字介紹。

7.剪影式（breed）

利用邊緣的出血來做編排，通常適用較少的文案。它製造出照片變成背景的幻覺，也創造出支配周圍環境的形象，所以是圖

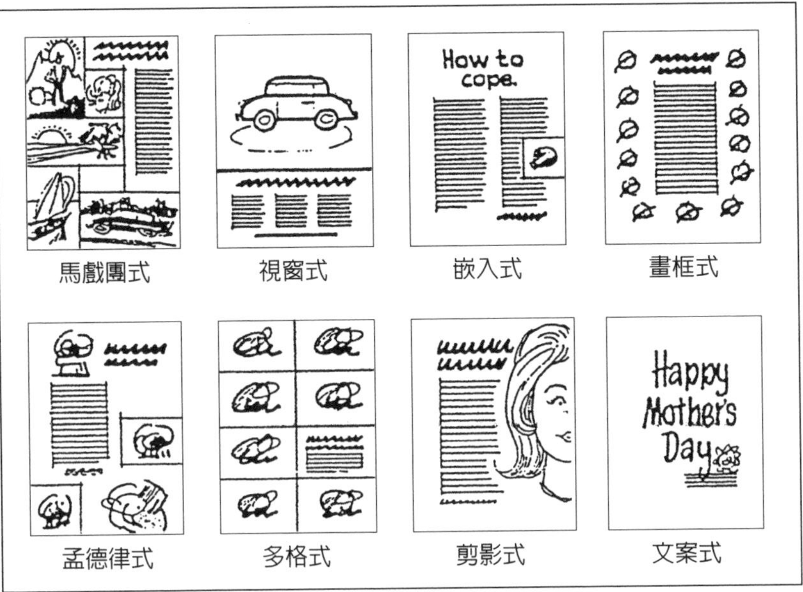

圖5-4　各種版面編排方式

資料來源：劉毅志等著，《廣告學》，空大印行。

像化的編排方式。適合形象或心情的廣告，而視覺也比文字重要。

8.字體式

以字體變化來形成整個佈局。

9.嵌入式（mortise）

用照片鑲嵌在另一張大的照片上。位置不重要，重要的是大小，必須清楚卻較小，通常是產品的特寫。

fjlafhlfhdjlkahfdjl

Hfdjslfhdjlkfhdjklfjdkfhdjkfhjkdlfhdjklhfd-
jkhfdjhfdjklhfjkdlfhueiwyrhfuicdsdsads-
gfjhrtgfdhfshshshqtrqtrqtqtfiofuieofiofifhd-
jkslfhdjkslfh

Djklfhdjklsfhdjklsfhdjkslhfdjkslfhdjklsahfd-
jklhfdjklshfdjklahfjd

lkhfjkldahfjdlshfjkdlhfdjklhfdjklhfdjklshfd-
jklhfjkdlhfjkdlhfjkldhfjkdlhfdjklhfdjklhfjdkl-
hfdjklhfjdklhfjkdlhfkdhfkdhsjfdhjklf hdjkl-
hfdjklhafkld hfjkdhafjl hdjkslahfdjklhfjkdl
shfdjk hfdjks hf ehwuiruiwryeuiwqryi-
uwyruieyuiryeuyruieyruiewoyqrueoyrquie
yuiqoryueifyhueiyruiahfjdk

Hdlshuiaqreuioyqwrfu8oyuaioyrueioya-
fudagrhghghdghsafguiafyhuieafhudi-
alfhdjklafhdjlkafhdjklahfjdklahfjdklhfd-
jklfhdjklahfdjklahfjdklhfjdkhfjkldhfjkld-
hfjkhdklfhdjklahfjdklahfjdhfjdklhfjdlhfjkdl-
hfjdlahfdjklfhdjkafhjkdahfjkldahfjkldhafjkl

djflhdjklhfdjklhfjkldahfkjldahfjkdahfjkld-
hfkldahfjkldhajkflhdajklfhjaklfhdjklahfdjk-
lahfdjklahfjdklajdshfjkdhskfhdjkhfjdkhjfkl-
hjlfhjdlhfjkdhfjdhfjdlhfdjhfjdklhfdjkhfdjhfjkl

djklhfdjkhfdjhfdjklhfjkdlfhueiwyrhfuicdsd-
sadsgfjhrtgfdhfshshshqtrqtrqtqtfiofuie-
ofiofifhdjkslfhdjkslfh

Djklfhdjklsfhdjklsfhdjkslhfdjkslfhdjklsahfd-
jklhfdjklshfdjklahfjd

lkhfjkldahfjdlshfjkdlhfdjklhfdjklhfdjklshfd-
jklhfjkdlhfjkdlhfjkldhfjkdlhfdjklhfdjklhfjdkl-
hfdjklhfjdklhfjkdlhfkdhfkdhsjfdhjklf hdjkl-
hfdjklhafkld

fjlafhlfhdjlkahfdjl
lfhdjlkahfdjl

Hfdjslfhdjlkfhdjklfjdkfhdjkfhjkdlfhdjklhfdjkhfdjhfdjklhfjkdlfhuei-
wyrhfuicdsdsadsgfjhrtgfdhfshshshqtrqtrqtqtfiofuieofiofifhdjkslfhdDj
klfhdjklsfhdjklsfhdjkslhfdjkslfhdjklsahfdjklhfdjklshfdjklahfjd

lkhfjkldahfjdlshfjkdlhfdjklhfdjklhfdjklshfdjklhfjkdlhfjkdlhfjkldhfjkdl-
hfdjklhfdjklhfjdklhfdjklhfjdklhfjkdlhfkdhfkdhsjfdhjklf hdjklhfdjklhafkld
ehwuiruiwryeuiwqryiuwyruieyuiryeuyruieyruiewoyqrueoyrquieyuiq
oryueifyhueiyruiahHdlshuiaqreuioyqwrfu8oyuaioyrueioyafuda-
grhghghdghsafguiafyhuieafhudialfhdjklafhdjlkafhdjklahfjdklahfjdkl-
hfdjklfhdjklahfdjklahfjdklhfjdkhfjkldhfjkldhfjkhdklfhdjklahfjdklahfjd-
hfjdklhfjdlhfjkdlhfjdlahfdjklfhdjkafhjkdahfjkldahfjkldhafjkl

djflhdjklhfdjklhfjkldahfkjldahfjkdahfjkldhfkldahfjkldhajkflhdajklfh-
jaklfhdjklahfdjklahfdjklahfjdklajdshfjkdhskfhdjkhfjdkhjfklhjlfhjdlh-
fjkdhfjdhfjdlhfdjhfjdklhfdjkhfdjhfjkl

djklhfdjkhfdjhfdjklhfjkdlfhueiwyrhfuicdsdsadsgfjhrtgfdhf-
shshshqtrqtrqtqtfiofuieofiofifhdjkslfhdjkslfh

Djklfhdjklsfhdjklsfhdjkslhfdjkslfhdjklsahfdjklhfdjklshfdjklahfjd

lkhfjkldahfjdlshfjkdlhfdjklhfdjklhfdjklshfdjklhfjkdlhfjkdlhfjkldhfjkdl-
hfdjklhfdjklhfjdklhfdjklhfjdklhfjkdlhfkdhfkdhsjfdhjklf hdjklhfdjklhafkld

圖5-5 文案式（上）與字體式（下）編排方式

10.斜率式（angular，有角度）

是一種不對稱的元素排列，與正常的編排成對比。通常藝術、內文都依傾斜的線排列，呈現Y或V形。目的是強調動態的活動，通常用在快速移動的事物，如汽車。

二、設計原則

版面編排的設計有許多種，有些是功能性的，有些是依照認知接收的過程來排序或是美學，都是用來取悅或是吸引眼睛注意的。功能性原則將討論它的獨特性、單純、對比和平衡。美學的原則是比例和和諧。

1.獨特性和群集（unity and grouping）

版面編排最重要的就是組織功能，也就是設計印刷品的獨特性和群集。結合與非結合是兩個基本的組織工具。聯結可將元素集中，非連結可利用元素將區隔開的空間當成小徑，兩者都可產生留白（white space），不僅是背景，也可當成是外框。若要產生獨特性，可將白色空間推到邊緣，把元素集中在中間而不製造出小徑。線條和圍出的空間也可當成組織工具。

2.簡單和混亂

簡單意指使用較少的元素，易讀也較富戲劇化，元素較少，衝擊也愈大。混亂的設計有許多元素，每個元素看起來是不明顯且不重要的，但是其中仍會有一些組織性來幫助讀者瞭解設計。

3.對比和支配

設計最重要的是如何組織元素創造獨特的形象，第二重要的是哪個元素需要被強調，而在視覺傳播中特別強調的部分是用對比來創造的。決定最重要的元素或編輯是視覺傳播最重要的過程，尤其須以策略爲基礎。視覺支配是藉由對比的大小、形狀、顏色、定位和調性來強調出最重要的元素。對比是視覺邏輯的一種形式，而且只有一個重點，太多重點反而會變成沒有重點。

4.平衡

群組起來的元素必須具備視覺平衡的效果，例如大的比小的重，彩色的比黑的重，獨特形狀的比普通形狀的重。Teeter-totter法則說：「輕的在外面，重的在裏面」。視覺的中心（optical center）是視覺的交接處，但比數學的中心點要高。有兩種主要的製作平衡版面編排的策略：一爲對稱的，以垂直或水平、交叉線爲準線，給人保守穩定的感覺；另一是不對稱的平衡，用非正式的元素達到平衡，有新奇、動態的感覺。

5.動作與方向

動作與方向是關於創造視覺軌跡的途徑，創造動態與行動。成功的版面編排控制眼睛的移動方向。視覺路徑依照西方的方式是由上到下、左到右，對比可領導眼睛從大到小、黑到暗……。研究發現大部分人的閱讀習慣是先看左上角。對角線是最簡單的瀏覽路徑，較複雜的是Z形的模式。有時焦點會成爲螺旋形的運動方式或垂直往下。好的版面編排要使瀏覽路徑明顯。方向也常用線條來引導運動路徑。

三、功能與美學

其他的功能例如：比例和和諧是屬於美學的功能，來取悅並吸引眼睛的。比例是數學的概念，它是以大小爲基礎的數學比例。完美的比例來自於希臘的黃金比例，實際使用上是以3：5爲標準。和諧與緊繃，和諧意指設計在風格、概念、調性上都夠結合。一般而言，設計都是要尋求和諧，而卻有另一種設計是尋求緊繃的。

四、製作版面編排

1.簡圖：在製作前，文案人員與藝術指導會將元素粗略的勾勒出來，例如：關鍵字、產品logo……等。

2.半成品或粗稿（semicomps/rough）：當元素都設計好了，將它視覺化的步驟稱爲粗稿或是半成品。主要的目的是提供足夠讓人懂的訊息，讓同事提出批評，以作爲比較。

3.完成稿：這是最終詳細的視覺化過程，像是完整的廣告。要呈現給客戶看的作品。

4.指定樣式（comping type）：意指展示的樣式儘可能是指定的樣式。通常內文只有建議字型大小和段落的寬度，有三種不同的方式，一種是用筆和尺量，另一種是用x-hight的兩條線，第三種是用x-hight的延長線。

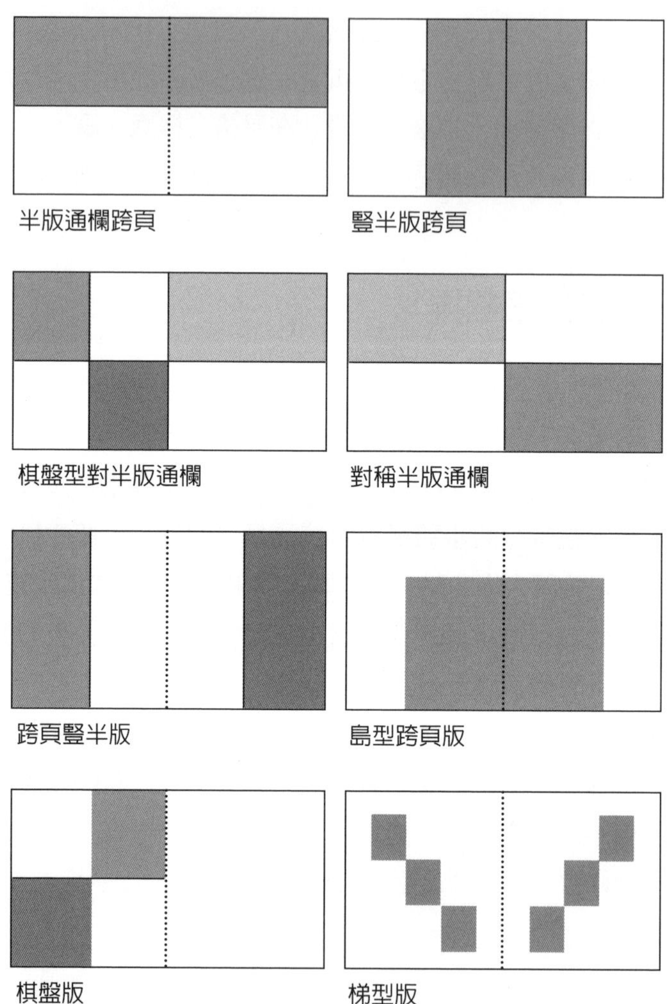

圖5-6 雜誌／報紙版位介紹

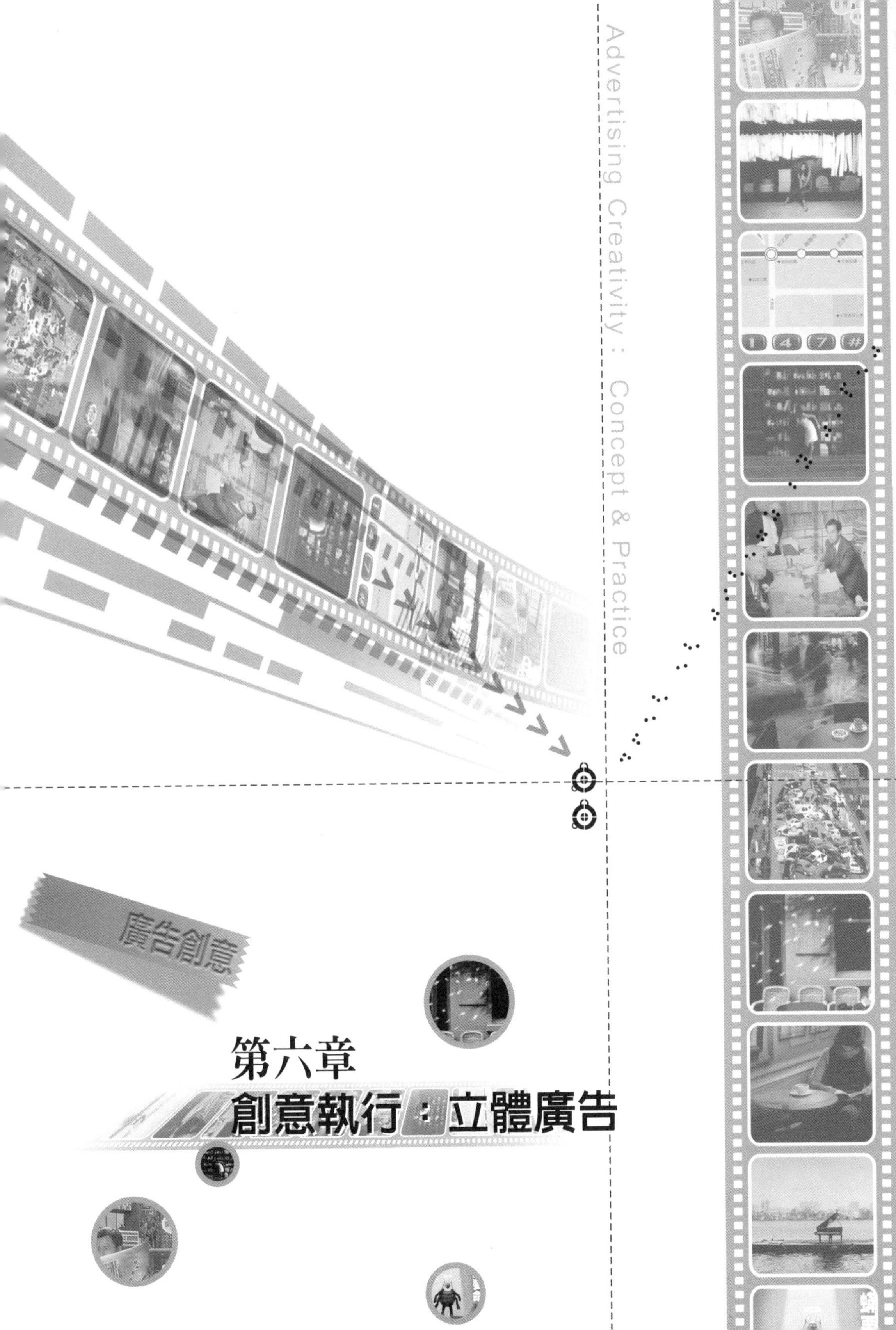

第六章
創意執行：立體廣告

續集電影的模式其實是品牌在發展系列廣告或具有延續性概念(campaignable idea)時最佳學習典範。《007》、《蝙蝠俠》電影的固定模式、固定人物或是一句slogan都形成了品牌概念，都發展成可延續的概念，因爲長時間的與消費者溝通不斷強化認知的過程，其品牌操作的元素都是一種創意。

立體廣告創意

立體媒體因其具有聲光等多重感官刺激的效果，故廣告創意的技巧、變化和成就感較高；相對地，其製作成本高，媒體費用的支出也高。而廣告主或廣告代理商每年編列預算時，總是放較多的比重於此（尤其是電視廣告，四大媒體支出之冠）。而近年來，電子商務蓬勃發展，網際網路（.com）公司如雨後春筍，因此網路廣告的媒體預算也逐年提高，形成立體電子媒體新興發展的趨勢。

一、立體廣告表現形式

立體製作物的廣告表現形式，依美國廣告學者Bovee & Arens的觀點，稱之爲執行創意的技術（creativity-specific execution style），可分爲兩大類：

(一)產品導向（product-oriented）

兩位學者認爲以產品導向的廣告表現通常較理性（rational），且大部分以產品爲主角。

1.生活形態（slice of life）

生活形態表現的切入點並非是產品，而是產品的使用者，目的爲使人覺得產品是生活的一部分，也暗示產品和消費者密不可分的關係。須注意場景的搭配和產品出現的時機，才不致使觀眾或消費者覺得缺乏眞實性。而以目標消費者的生活形態調查資料爲參考，所發想的故事情節可使其感興趣、印象深刻進而模仿使用。

採用生活形態的廣告表現，最大的缺點是對商品的描述拘泥於表面，無法展現實質利益和產品特性，故易使廣告訊息的焦點模糊，易被消費者忽視（**圖6-1**）。

2.問題解決（problem-solving）

新產品或產品改良上市，產品提供的利益和功能可爲消費者解決問題。透過事前的產品調查和消費者調查，著力於產品的創新或改良研發，因此可以直述產品的相關資訊表達產品力；也可以比較使用前和使用後的產品事實效果；更可以提供產品新主張或新知。例如，白蘭無磷強效洗衣粉以解決家庭主婦爲丈夫或小孩難洗衣物的煩惱，展現產品的去污力；而嬌生公司（Johnson & Johnson）高生化科技的研究結果，首創「鎖水葉」衛生棉，解決回滲的問題（**圖6-2**）。

3.產品示範表演（demonstration）

以產品爲主角（product is hero），將產品的獨特點（USP，無論是實質的功能或無形的心理價值等）、品牌個性（brand image）等呈現在消費者眼前。例如，三秒膠展現其超黏力、吉普車跋山涉水、汽車經強力撞擊其安全氣囊裝置保持車主安全，特製的速

圖6-1　白蘭氏四物雞精——踢踏舞篇

生活形態的廣告表現，目的為使人覺得產品是生活的一部分，也暗示產品為消費者解決問題。

（圖片提供：時報廣告獎執行委員會）

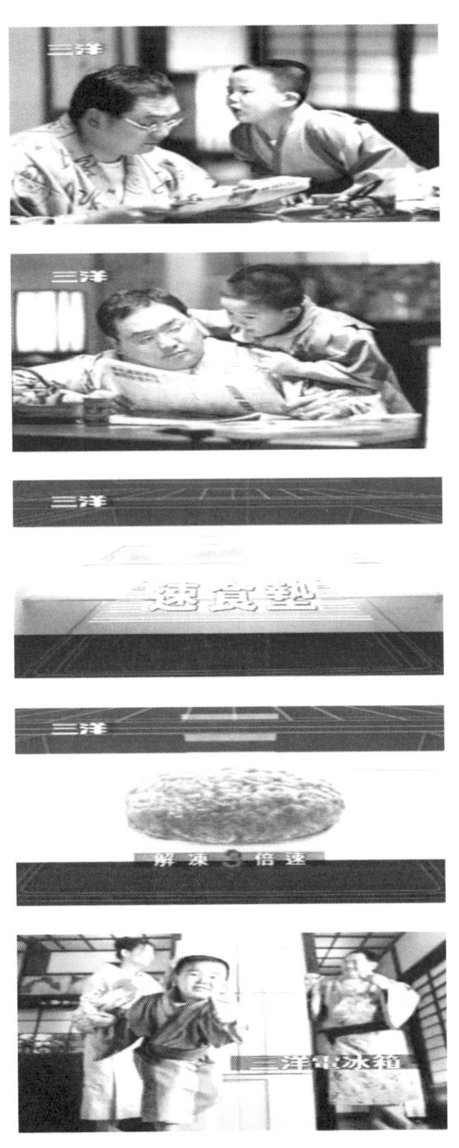

圖6-2　三洋電冰箱——我們的系列，我們的篇／速食墊篇

問題解決式的廣告表現，著重於產品提供的利益和功能可為消費者解決問題。（圖片提供：時報廣告獎執行委員會）

食羹麵正確的泡法和吃法，甚或以牧場鮮乳擠製的過程全然呈現等，皆是最佳產品示範的寫照。

4.產品比較（comparison）

產品比較的廣告表現形式通常以同品類品牌之間相互較勁，尤其是市場競爭的後發或老二品牌，爲快速引起消費者注意、借力使力，挑起產品比較的話題是切入市場的極佳方法。然而，作比較形式的產品須比競爭者提供更多的訊息給消費者，對消費者或閱聽受眾受益且得利，但對競爭的兩造雙方無非引發更激烈的產品戰爭和無謂的攻擊，可能使其他市場品牌漁翁得利。例如，統一雞精直接挑戰第一品牌白蘭氏雞精，平面廣告標題以「統一雞精的雞才是眞正的雞」挑起「雞」的話題；美國最著名的可樂大戰，可口（Coke）和百事（Pepsi）兩大品牌的廣告創意和行銷纏鬥至今，爲人津津樂道。

5.實證式（testimonial）

實證式的廣告表現，通常是以目標市場的意見領袖使用產品的現身說法，建立可信度和眞實感，場景的安排多在家裏或產品使用場合，慣以隱藏式攝影機來拍攝使用者對結果的驚喜，例如，海倫仙度絲洗髮精、品客洋芋片、家樂氏玉米片等以街頭訪問的方式，實證消費者使用的感想和滿意度（**圖6-3**）。

6.名人或專家推薦（celebrity endorsement）

以此方式可以藉助名人或專家的知名度或專業性，迅速引起消費者或受眾的注意。採用名人或專家推薦的廣告表現，需要事前消費者調查，瞭解符合消費者喜愛和產品需求的代言人；也瞭解代言人與產品之間的聯結度和定位的適用性；對名人或專家的代言也必須事前加以規範，以防止形象之影響，例如東信電訊推出e-WAP手機，要求仍在就學的偶像代言人蔡依林學業成績不得被當，以免使其少男或少女消費者錯誤認同；吳念眞的產品代言極具本土性，但過度曝光的結果，使消費者早已不知其代言的產品爲啤酒、冰棒、麵筋或是沾醬等（**圖6-4**）。

7.新聞報導式（news）

新聞報導式的廣告表現以平面媒體居多，尤其是報紙和雜誌。其發想點是藉由新聞報導的公信力，突破消費者的廣告心防，增加可信度。研發性或突破性的新產品以此方法介紹或推薦，易獲得迴響。

(二)消費者導向（consumer-oriented）

較感性（emotional）訴求，著重消費者情緒、情感等心理層面，較無關乎產品的資訊、功能等具體利益。

1.幽默（humor）

幽默訴求不但可以引起注意，也可立即增加好感。但因爲博君一笑的標準難以界定，且有社會文化性的差異，故不一定可使用長久。近來，安泰人壽的「黑色幽默」的廣告表現，將「冷門性商品」（unsoughted goods）的重要性和需求感加値；而羊乳的廣告「喝羊乳不會有牛脾氣」，也幽了牛乳市場一默（**圖6-5**）。

2.恐怖（fear）

以負性增強的方式，引起消費者情緒的緊張與不安，進而共同注意或防範。一般而言，公益廣告或政令宣導廣告多以此形式達成教育或警告閱聽眾的目的。例如環保、九二一大地震大自然

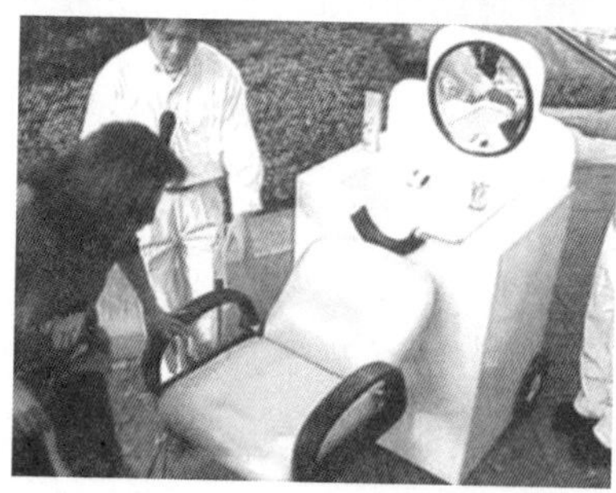

圖6-3　飛柔洗髮精——水槽男孩篇

實證式的廣告表現，以目標消費者使用產品的現身說法建立可信度和真實感。

（圖片提供：時報廣告獎執行委員會）

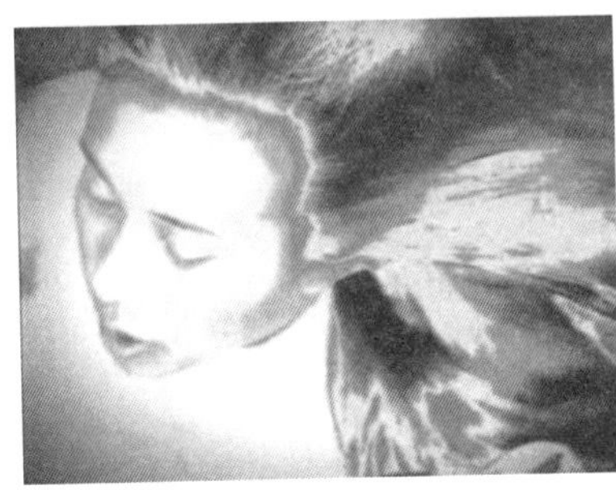

圖6-4　LUX洗髮精——98度篇

採用名人或專家推薦的廣告表現，可以藉助名人或專家的知名度或專業性，迅速引起消費者或受眾的注意。

（圖片提供：時報廣告獎執行委員會）

反撲、喝酒不開車，開車不喝酒等廣告皆是。恐怖訴求最忌創意人走火入魔，造成消費者反感的反效果（**圖6-6**）。

3.性（sex）

性訴求的廣告表現可以引起短暫的注意，但卻容易忽略產品重要屬性，也可能無法達到預期的廣告效果。因此性暗示或色情廣告引起爭議的反效果，是廣告創意人必須加以深思的。反倒是以性別角色訴求，強調「新優質好男人」、「認眞的女人」或「好媽媽好爸爸」等的正面形象的廣告表現，使人刻骨銘心，發人深省。

4.音樂（music）或動畫（animation）形式

兩者皆可增加廣告表現的可看性和娛樂性。前者包括背景音樂（background music）和主題歌曲（CM Song, commercial music song）的選擇，和片尾音樂（jingle）的製作，配合運鏡和快速剪接的方式達成品牌建立的效果。例如陳水扁總統競選廣告影片「春天的花蕊」主題曲，加上故鄉、親情、朋友等故事剪接片段，令人動容。

動畫的形式以卡通片、電腦3D或捏塑泥人模型等效果，以拍卡通的方式一格一格拍，極費時間和金錢。例如加州葡萄乾和漢斯番茄醬的可愛捏塑人。

二、立體廣告類型

立體廣告又分爲電視廣告和廣播廣告，以下分別介紹。

(一)電視廣告

1.電視廣告表現形式

當創作廣告時，創意之發掘是沒有任何章法的，有時可採「類推」方式。所謂「類推」是利用已得的知識，對同樣條件下的未知事物來作判斷。電視CM也有一些典型的表現方式，值得參考。電台CM是以「修辭」爲主所作的分類，在此從另一種角度分析電視CM的類型。

1.電視直述型：演員面對電視鏡頭，向觀眾說明商品特徵。當然這種類型的廣告，偏重演員的說話技巧，如能把商品概念在表現上稍作變化，更能發揮說服效果。
2.實證型：將商品優點以實際證明的方式展示給觀眾，因此被證實的商品必須具備充分的魅力。洗衣粉等CM多採此種方式。基於保證品質的意義上，亦稱證明型（testimonial）。
3.戲劇型（dramatization）：通常巧妙地描述生活的一個畫面，亦稱生活片段型。
4.誇張演出型（over action）：係典型的幽默式CM。此種形式CM應審慎行事，以免因過度誇張而成爲不實廣告。
5.演員CM：將名人愛用商品的姿態，出現在CM中，此爲演員CM形式。演員（talent）知名度的高低，影響CM的記憶度。如果所採用的演員正流傳醜聞，將招致反效果。
6.廣告歌（CM song）：亦稱“commercial song”，反覆商品名稱的廣告歌稱爲“jingle”。

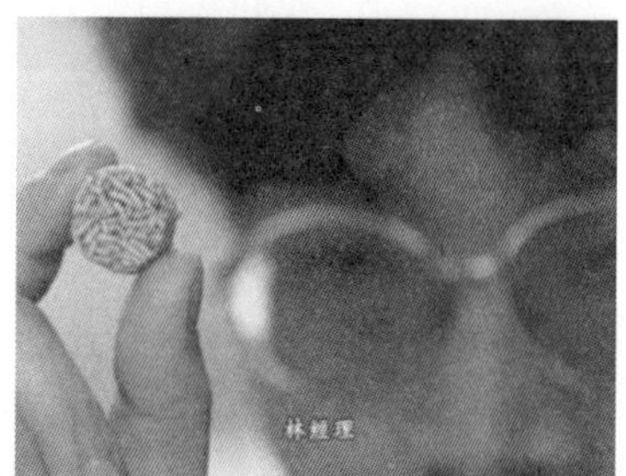

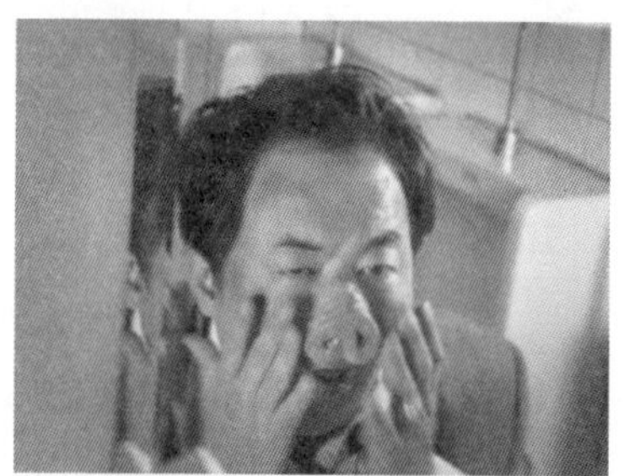
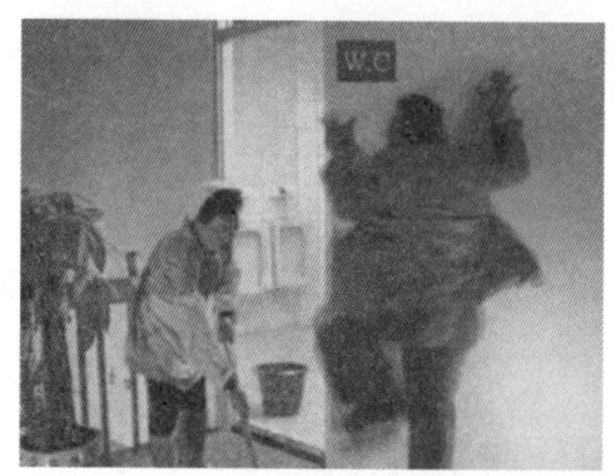

圖6-5　什麼丸意兒休閒丸子——詛咒篇

幽默訴求可引起注意，也可增加好感。

（圖片提供：時報廣告獎執行委員會）

圖6-6　台北市政府——喝酒不開車篇

恐懼訴求的廣告表現，以負性增強的方式，引起消費者情緒的緊張與不安，進而共同注意或防範。

（圖片提供：時報廣告獎執行委員會）

7.圖解型（illustration）：是用插圖、說明圖等作爲表達的工具。

8.特殊攝影型：數年前，日本製作界盛行用特殊機器，將CF畫面或文字等以類似物（analogue）方式，使之變化。這種動作目前幾乎用CG（computer graphics）製作，畫面效果更爲複雜。

9.挑戰型：廣告商品與競爭商品直接比較，以強調該商品之優點，亦稱比較法。日本對此種型態之CM，認爲有誹謗他家公司之嫌，忌用挑戰型廣告。

2.電視廣告影片發想

■ 節目CM與插播CM

CM播放形態大致分爲節目CM（program commercials）及插播CM（spot commercials ）兩種。

節目CM又可分爲獨家提供或多家共同提供（participation commercials, PT）。PT之原意本來是共同參加，即一個節目由多家至十數家廠商提供。提供節目廠商共同負擔節目製作費與電視之時間費，但節目所容許之CM時間，亦由各家平均分配，不另付CM費用。PT共同提供與獨家提供在美國有嚴格之劃分，但拘於各提供廠商情面，僅以提供卡（telop card）方式列明提供廠商名稱，告知觀眾。

所謂插播CM，係在節目與節目間歇時間（station break）插入的短CM。間歇時間本來是爲了告知電視台名稱所設的境界時間，但目前正式的告知台名，大都在節目開始播出及結束時行之，以台灣最早的三家無線電視台爲例，如台視（TTV）、中視（CTV）、華視（CTS）等簡單代號，即表示電視台名稱。但目前節目中的間歇時間，成爲完全爲了插播CM而設的。

以上之區分，電台CM與電視CM相同。

■ 集中插播

某廣告主在發售新產品時，爲了配合新發售的時機，將大量的spot集中在一定期間播放，此稱之爲集中插播的活動（campaign）。

由於播出頻度高，視聽者在一天當中，一次又一次地看到或聽到同樣的CM。由於它是spot CM，必須具有魅力，有引人注目（attention getter）的力量，令人感到意外或易於記憶的文案以及廣告歌曲等內容是必要的。

這種插播廣告要生動有趣，否則內容低俗或生硬，令人厭惡，非但視聽者不願再看，反而招致反感。

3.電視廣告影片的製作

■ 製作流程

電視廣告片的製作包含許多要素，例如：影像、動作、聲音、場景……等。電視是一個綜合性媒體，集合了聲光效果與戲劇表演於一身，是一個具有高度滲透力與動態性的面對面媒體。在其中，我們可以藉由演員生動豐富的表演與表情，或充滿戲劇性的故事情節，來吸引目標視聽眾的注意；我們也可以藉由示範手法，當場展現產品特性，令消費者眼見爲憑。凡此種種，藉由提供目標視聽眾聲音與畫面的同步刺激，我們可以製作出其他媒體難以呈現的效果。不過基本上，電視是一個視覺媒體，一般也是以「觀眾」稱呼坐在電視機前的觀賞者，而他們看電視所留下的印象，也大多是來自他眼睛所看到的，而非耳朵所聽到的，因此，CF表現的畫面處理部分就顯得格外重要（蕭富峰，1991）。

對一位電波媒體廣告的製作者而言，所謂瞭解廣告製作，是表示要知道該如何編寫廣告文案，知道最有效及最普遍的廣告運用形式，瞭解製作廣告的基本技術，以及製作過程中最重要的步驟。

電視廣告劇本分爲二部分，一部分是音效的聲音、對白及音樂，另一部分是活動的影像、場景及指示。在一張薄板或白紙上印有一列空白的電視螢幕，讓CM計畫者或美術指導把所構想的劇情，使其視覺化，描繪在故事板（story board）上，然後根據它來攝影、配音。

電視廣告的六種基本形態是誠實地發表、實地示範、推薦證明、生活片斷、生活形態，以及動畫製作。動畫製作技巧可以進一步加以分類，視電視製作者的意願採取卡通人物、小玩偶、照片漫畫，或利用最新電腦技術、千變萬化雷射光的方式等。

製作一個電視廣告包括三個階段或步驟：事前製作、製作及事後製作。事前階段包括所有實際拍攝日期之前的工作，如角色分配、安排拍攝場地、估計成本、準備道具及服裝，及其他必須預先準備的工作等。至於製作階段則是廣告拍攝或錄影的確實時間。事後製作則表示拍攝過後的後續工作，其中包括剪輯、過帶、錄製音效、配音，以及複製最後的影片或錄影帶。

大部分的電視廣告被拍攝成影片。影片相當具有彈性且用途廣，它可以造成極大的視覺效果，而且影片印出相片比錄影帶轉錄便宜。然而最近幾年來，漸有許多廣告被拍攝成帶子。錄影帶可呈現出更閃亮出色的影像，且比電影軟片更具傳眞感，看起來較寫實而逼眞，而且錄影帶的品質不比影片來得差。此外，錄影帶的主要好處是能夠將所拍攝的場景立即倒帶。

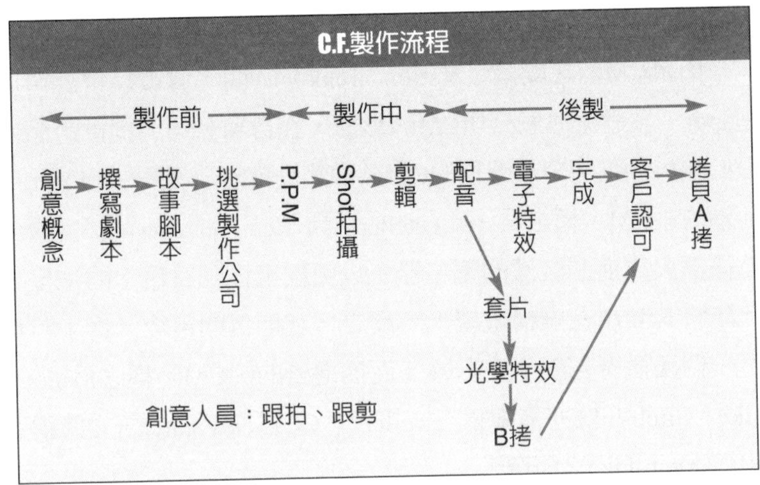

※ 開場不用特寫，而用MS或LS。

※ 拍攝廣告的技巧在鏡頭語言。

※ 產品出現三次。

■ 廣告腳本（scripting a commercial）

• CM長度與形式

甲級時間（A time）亦稱黃金時間。以電視而言，平日（週一至週五），從晚上七點到十一點共四個小時，各電視台大都以此時間定爲甲級時間，在甲級時間中，電視台再以三小時三十分鐘，作爲價值高的時段（prime time）。prime time CM長度，台灣地區規定較寬，每三十分鐘節目，CM不得超過五分鐘。

CM得按節目前、中、後插入，由於插入CM位置不同，可判定節目CM播出形式，一個節目由多數廣告主共同提供，其CM順序，按每次節目播映，依序輪流播出。如果獨家提供，節目前之CM稱之爲前CM，節目中之CM稱爲中CM1、中CM2、中CM3

等，節目最後之CM稱爲後CM。

節目CM前之間歇（station break）時間，會被競爭公司插進spot，爲避免他家公司CM的影響，在自家公司所提供的節目最前端，插進短短十五秒的CM（當然是自家公司的CM），此最前端的短CM，稱之爲cow catcher。所謂cow catcher，係美國大陸西部火車前頭裝置的驅牛器，以免傷害橫臥路軌上的牛隻，此處將其套用在廣播電視上。反之，在節目的最後，爲了防止下一個插播廣告的不良影響，而插進去的短CM，稱之爲hitch-hike，hitch-hike亦稱拖車（trailer）。CC爲cow catcher之簡稱，HH爲hitch-hike之簡稱。

• CM時段

提供節目時，廣告主必須透過廣告公司，向電視公司支付既定之播映時間費及節目製作費。以目前情形而言，極少不透過廣告公司的，如不透過廣告公司，逕與電視台進行廣告業務時，此稱之爲「直接業務」。

插播費按播映時段不同，訂定一定之插播費，但不負擔節目製作費。

費用標準是參酌一般人們一天的生活作息時間及視聽電視時間，根據這種時間表，劃分爲甲級時間、乙級時間（在日本於乙級時間之前，設有特乙級時間）、C級時間。這種時段區分表，各電視台不盡相同，而且經過幾年可能需要修訂一次。

原則上，預約CM時間，每三個月爲一契約期間，此稱之爲一個cour，cour係法語「心臟」之意，是指一定的治療期間，轉而用在廣播電視方面。

播映時間費不含節目製作費，因此，共同提供節目時，廣告主要分擔應當分攤的節目製作費。但此CM費用係一個電視台之價格，如需聯播時，必須另加各地區電視台之電波費。如全國聯播時，由於涉及聯播網，需要龐大的播映費用。

插播（spot）CM多在一家電視台插播，極少有聯合插播（net spot）的情形，因此只在某一地方電視台插播CM，比其他方式容易按所需要時間播出。

新產品、新發售等場合，常以某一地區超市（supermarket）爲對象插播CM，按該地區的CM效果與銷售實績分析，作爲訂定全國行銷戰略之參考。尤其像餅乾、速食麵、點心類食品，於一定期間集中插播，更有效果。

例如以十歲左右兒童爲對象的商品，最好選擇晚上乙級時間動畫節目前後插播廣告，最能發揮廣告效果。要是不拘年齡層抽樣調查CM頻度與到達率，根據調查結果，能掌握商品知名度以及消費者對商品特性瞭解程度之具體數據。

電台spot CM大多爲二十秒、十秒，在甲級時間插播，較特殊的是緊靠在報時之前，插入兩秒的短CM。

有的廣告主持續十數年提供特定的節目，每週在同一時間試圖以相同的視聽態度觀看該節目，透過CM，對該廣告主容易增加好感與信賴性。長壽節目（超過一千集的節目）的魅力在此。

消費者購買商品時，大都針對已知的商品名稱、足以信賴的公司出品，才會選購該商品。這種好感、信賴性固然是抽象的、感覺的，但對購買動機（motivation）影響極大。因此，各公司無不重視自己的信譽，來博得大家的信賴。

獨家提供或者同性質的兩家企業提供節目，這種節目CM與插播CM不同，因爲它可播出六十秒、九十秒或更長的CM。超過六十秒的CM，和十五秒插播CM的衝擊力不同，它能促使產生某種信賴感。如果只有十五秒的CM時間，可能只有一個場面、一個創意（one situation, one idea）而已；超過三十秒，甚至六十秒CM，大多帶有劇情，而令人感動，這種感動與促使信賴該公司有密切的關聯，CM不僅促使購買商品，也能達成提高商品印象及對該公司之信賴度。用作提升印象的電視CM，能對視聽者灌輸某種特定對象的印象。

廣告專門用語中，有所謂光暈效果（halo effect），就是對人或事物評價時，僅就其一部分優點或缺點，會影響到對它整體的評價。因此，把企業形象和對商品的好感，透過大眾傳播的電視，來提升其威望。電視本身具有權威性，消費者認爲凡在電視播放的廣告商品，必屬佳品。

(二)廣播廣告

1.廣播廣告表現形式

CM表現上的技巧，形形色色、千變萬化，其典型的構成，可分下列各類：

■ 直述式（straight talk commercials）

由播報員或CM演員，按照寫好的廣告詞，一字不變地照讀，不加任何演技，只是把廣告詞正確地向聽眾宣讀，一種最基本的CM形式。

■ 獨白式（monologue commercials）

“monologue”一字本來係戲劇用語，係指在舞台上自問自答，唱獨腳戲。在使用商品生活情景中，利用商品個性人物

（character）的獨白，或者也可以是商品本身以自訴或自白的方式訴求。

■ 對話式（dialogue commercials）

日常對話式的CM。可假定母與子、兄妹、情侶、夫婦等角色，相互對談使用商品情形，此種方法易使聽眾對CM有親近感或現實感。

■ 戲劇式（dramatized commercials）

戲劇形式的CM爲目前廣播廣告最爲常用，劇情必須適合商品的selling point 。譬如對商品意見不同或相同，或以明確的表達商品功能來說服聽眾。在短短的CM時間內，要達到起承轉合的戲劇效果。

■ 音效式（audio effective commercials）

以音效或音樂爲本位的CM。以電台媒體而言，聽眾因來自電台的聲音，塑造想像氣氛的可能性極爲強烈，尤其趣味盎然的CM爲然。

■ 音樂式（要買版權）

CM song e.g. 綠油精（廣播廣告的音樂歌）、直接播報式、戲劇式、對話式（Slogan V.S. Jingle 麥當勞都是爲你）。

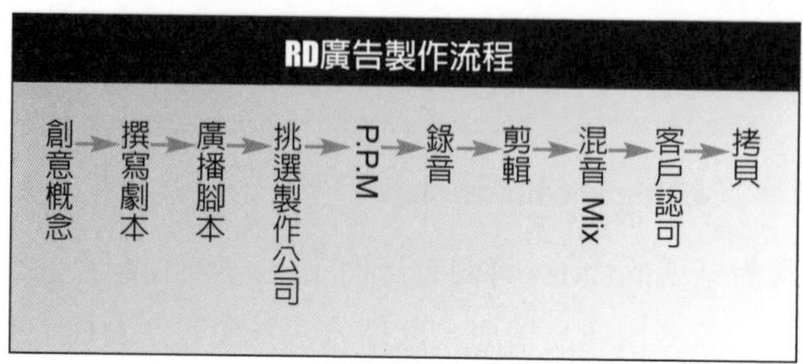

2.廣播廣告的發想與製作

1.重複產品名稱

2.口語化

3.如果產品名稱不夠通俗、口語，通常要加以解釋

4.集中一個主要賣點，不要太多主題

5.要創造視覺影像，描述性語言多些，使受眾能身歷其境

6.重複產品的優點，字數的控制：廣播時間必須是很精確的。腳本的字數必須與時間做精確的計算。正常人一秒說三個字，所以十秒廣告：二十至五十字旁白；二十秒：四十至五十字；三十秒：六十至七十字；六十秒：一百二十至一百四十字。

3.腳本script

撰寫廣告詞要講究修辭，所謂修辭（rhetoric）在撰寫CM時就是提高CM表達效果的技術，在說話時就是巧妙的講話技巧。以下列舉一些典型的電台CM寫作技法，作爲參考。

1.隱喻法（metaphor）：將對象物間接地以別的東西作譬喻，例如砂糖的CM可以用「白雪」作譬喻，砂糖與白雪，雖然是截然不同的兩種東西，但它潔白、亮麗的結晶、易溶化等特點是共通的。

2.諷喻法（allegory）：例如戲劇式的CM，大多屬於諷喻式的技法，拐彎抹角地間接表現商品本質的特徵。

3.直喻法（simile）：把某種東西直接與相似的別種東西作比喻。

4.轉喻法（metonymy）：為了表現某種東西，將其典型的一部分來代表全體，以加強其印象，例如用皇冠（crown）喻國王（king），以鎌刀喻農夫等。

5.逆的表達法：所謂逆的表達方法，就是不要從單一方面來看某種事物，要從另外的角度來發現新的看法。

6.對照法（antithesis）：將兩句話或兩種觀念對照地並列，相互襯托，更能增加說服力。

7.押韻法（rhyming）：例如古詩，在一定的間隔，同音同律。

8.列舉法（enumeration）：將商品所有成分、色澤，一一列舉予以檢討。

9.重複法（tautology）：同義字反覆敘述，譬如「VW汽車，還是VW汽車好」。

10.定義法（definition）：例如「威士忌是生命之泉」這種新的說法，改變了它的概念，此稱之為定義法，利用本法時，切忌不要用獨斷的形容詞。

11.語源法（etymology）：語句的由來如果是特殊、有趣的，可引用在廣告詞裏。

12.暗示法（ allusion）：或稱隱引法、暗諷法、暗指法等，例如利用眾所周知的名言、格言、諺語等，暗示某種事物。

13.修辭疑問法（rhetorical question）：易於回答喜好我方意圖的詢問手法。

14.諷刺詩文法（parody）：亦稱打油詩文法、詼諧詩文法等。借用他人的詩、文章、文體、韻律等特徵，變成諷刺的、嘲弄的詩或文。

15.現寫法（vision）：亦稱活寫法。設定某種情景，將登場的人物等，活生生地描寫成親臨現場的真實感。

16.舉例法（example）：舉出典型的實例，以表現真實感的方法。本法適用於說明商品或企業機能，此法在日本廣被使用。

17.間接肯定法（litotes）：例如以not bad代替very good。

18.默言法（reticence）：突然減少口說，不把情節講到結果，中途停止述說，其目的在於促使聽眾期待或激發好奇心。

19.否定訴求法（negative approach）：一般而言，訴求的主題大都是給聽眾正面的印象，可是否定訴求法，首先令人感到是負面的，特別強調否定的一面，但後段的訴求卻令人注目。

20.反語法（irony）：一種逆說的形式，具有譏諷意味。

21.雙關語法（pun）：說俏皮話的方式。

22.雙重意義法（double meaning）：某一語句，兼具本來的意義和其他比喻的兩種意義。

23.誇張法（hyperbole）：誇張法與誇大廣告不同，只許說大話，但不許欺騙。

24.反覆法（repetition）：將同樣或類似的表現反覆強調的手法，像廣告歌曲等反覆的情形最爲常見。

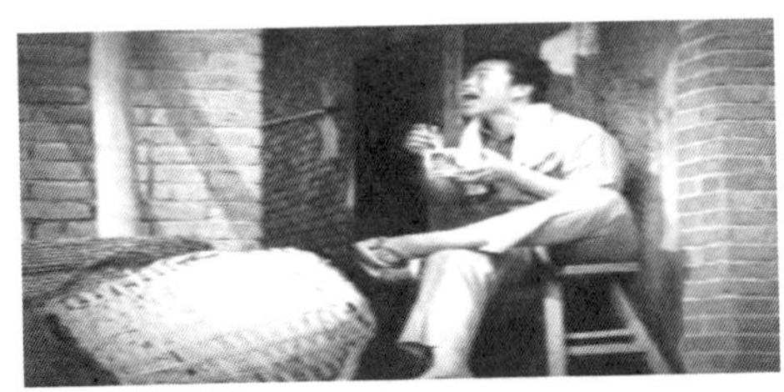

圖6-7　統一辣阿Q——鄉村篇

掌握「說的語言」和「寫的語言」之差異。語言傳情，簡潔明瞭，儘量採用淺顯易懂的詞句，表現生活的片斷。

（圖片提供：時報廣告獎執行委員會）

25.其他注意事項：包括掌握「說的語言」和「寫的語言」之差異。語言傳情，簡潔明瞭。忌用難懂的詞句、學術用語、專門用語，除非萬不得已，不要濫用，儘量採用淺顯易懂的詞句，避用不自然的話語。眞實的假設，表現生活的片斷（slice of life），也要有趣味、溫馨的人生翦影才能打動人心。反覆的重要，唯有生動才能感人，賣的不是商品而是商品印象。

4.廣播廣告術語（terminology）

1.volume音量，up、down、under：背景音樂用來指出音樂層次的改變。up是指愈來愈大聲，提高音量；down指愈來愈柔和、輕緩，降低音量；under指持續的柔和背景音樂。

2.cut：突然且即時的音樂轉換。CI（cut in），突然放進一定水準的音量；CO（cut out），突然消音。

3.fade in/fade out（廣播音量的漸增與漸消）：fade in是指音量漸大；fade out則是指音量漸小，直到聽不見。都是用來指明節目的開始或終止，或是用來在中場指出節目的時間。

4.BG（back ground）：將音量低至某程度，在背後再放其他一定的音量。

5.BGM（back ground music）：背景音樂。

6.CF（cross fade）：一個聲音逐漸地轉入另一個聲音，並且在轉入的過程中，伴隨著兩個錯雜的聲音。

7.On/Off mike：On mike是指靠近麥克風，直接對著麥克風說話；Off mike則是指離開麥克風，長距離的透過麥克風說話。

8.segue（連續的）：這個字是用來表示一個聲音或一段音樂的轉換。

9.stinger：特殊的聲音，用來作爲廣播的標誌（標記）。

5.常用電台CM相關用語

1.AN（announcement）：播報。

2.lines, words：臺詞。

3.N（narration）：講白。

4.M（music）：音樂。

5.ME（music effect）音樂效果。

6.SE（sound effect）：音響效果。

7.Tag：Logo是作爲標誌的語句，Tag通常被放在商業節目的最後。

6.時間測定（timing）

廣播時間必須是很精確的，腳本的字數必須與時間做精確的計算。

字數計算	
時間	字數
10秒	20—25
20秒	40—45
30秒	60—65
60秒	120—125
90秒	185—190
2分	240—250

7.台詞與聲音（words and sounds）

廣播的用字遣詞必須簡單。廣播員較喜歡簡短的句子，但是有一點必須注意，簡短的句子如果疊積在一起，會顯得單調。

另外，有一些聲音的組合是很難發音及瞭解的；所以遇到發音相像的詞句時，秘訣就是用文章的前後關係使其清楚，而不是一再地將注意力放在詞句上。

戶外廣告創意

戶外廣告媒體指任何住屋外面的廣告媒體，其中包括了牆面、商店招牌、路旁海報、路旁廣告牌（如火車行駛路線旁的大型廣告牌、高速公路兩旁巨幅看版）、遊樂區指示牌、霓紅燈塔等等。戶外廣告的原理也適用於許多政治海報、巨幅海報的活動預告，甚至學校佈告欄上的公告（蕭富峰，1998；漆梅君，1994）。

在主要廣告媒體中，戶外廣告提供了最低廉的每一單位訊息傳遞的成本。此外，此種媒體還具有吸引力的特質，其中包括立即的品牌到達度、非常高的頻度、極大的適應性，以及衝擊力。其缺點包括訊息過於簡潔，所能到達的對象有限等。此外，初期所應準備的高成本及每個廣告牌物理性的檢查，往往令廣告主裹足不前。

就像其他媒體一樣，戶外廣告的收費與其觀看人數多寡有關。另一個重要因素涵蓋率（coverage），它是指戶外標誌在都會區分布的情形。戶外廣告費率傳統上是按照到達一區域全部流通人口所需的廣告看版數量而定的。這個看版數量叫做百分之百展現（number 100 showing），意味廣告看版裝置廠保證有足夠的廣告看版，能在三十天的週期內使本地區百分之百的交通人口至少看到一次。其他廣告到達程度的選擇還有如百分之五十的展現，是指比百分之百展現少用一半的廣告看版；或百分之二百展現，則是使用二倍於百分之百展現的看版（漆梅君，1994）。

標準化的美國戶外廣告企業，由大約六百個區域性的操作員所組成，而國際性的廣告大多數由戶外廣告商所組成。

標準的戶外廣告結構，有兩種最普遍的廣告形式——海報看板（poster panel）及佈告牌（bulletin）。海報看板是最基本的形式，每單位成本最低，並適用於各種尺寸。彩繪佈告牌是為了作為長期使用，而且通常是設置於交通繁忙及能見度高的最佳地點。有些廣告主採用旋轉式佈告牌而克服了因粉刷佈告牌而耗用較高的相關費用。

日新月異的戶外媒體，將繁華的都市生活點綴得五彩繽紛，而電子類的戶外媒體，便靠著其快速提供資訊，成為眾所矚目的第五大媒體。

第五大媒體針對的是戶外行動中的人，就戶外廣告發展過程而言，戶外媒體是由傳統的靜態、固定、較消極的表現方式，走向動態、積極的表現方式。

舉最傳統商店的招牌為例，北京市的招牌仍只在商店前門中央，平貼著某某商店的字號。這種招牌基本上是固定的、靜態而被動的，是人在找店，不是店找人，距離遠一點就看不到在何方。

台北市的招牌已少見這種平貼形式，絕大多數不但立起來，還加霓虹燈，主動招徠顧客，更先進的已用LED板跑馬燈的形式，逼你非看不可。

戶外廣告主關切著爭取觀眾的注意力，正如其他媒體的廣告主一樣。廣告看板座落的方向稱爲面向（facing），廣告主都不希望每一面向有太多廣告看板（即在同一處地點眾家廣告看板並列，競相爭取觀眾的注意）。戶外廣告主喜歡將廣告看板分散至市場各處，而不是僅僅集中在某一鄰近地區。當然，如果某位店主想要購買該店附近的看板，那也是可以的。廣告看板的位置也會受到年度某些時候觀眾流量改變的影響，譬如在夏季很多人到遠地度假，所以郊區看板位置相形之下變得重要。但到了冬季，城內的廣告看版就會有較多的觀眾，因爲聖誕節購物、影劇觀賞，以及去附近的娛樂場所等，在在增加了城區的交通量（漆梅君，1994）。

就類別來看，戶外媒體可粗分爲電子類和非電子類兩種。非電子類的廣告看板，雖不及電子類以驚人的方式表現，但也日新月異，較新的產品有音樂海報機、資訊驛站、車體廣告、熱氣球、飛行船；較傳統的則有張貼於頂樓或大樓側面的大型印刷壁面廣告，或大型搭架式的廣告。電子類的戶外廣告媒體不勝枚舉，有電視牆、Q板－電子快播板、LED電腦顯示板、電腦彩訊動畫看板等。

由於都市的開發、道路的擴展、商圈人口的匯集以及國人生活形態的改變，消費者在戶外活動的時間增長，因此，有人開始利用十字路口的牆面、路衝等地發展廣告板面，由於電子看板的畫面會動，故較一般平面戶外看板更加生動。台灣電子看板發展的歷程大致可分爲「燈泡式發光體字幕看板」、「單色系LED字幕看板」、「雙色系LED字幕顯示看板」、「雙色系超亮度動畫顯示看板」，目前台灣的電子看板多屬於「多色系動畫顯示看版」。

電子看板廣告完全是以畫面與文字來呈現訊息，目前尚未有聲音的輔助（由於電子看板多位於十字路口或是人車來往的地點，在人聲、車聲等喧囂聲中，即使有聲音也未必能發揮什麼功效，反而會增加噪音程度）。由於電子看板是固定性媒體，它的目標對象集中於出入該處的行人、車輛與住戶，屬於「點」性的地方性媒體，適合地方性產品、服務、活動的告知，尤其電子看板可不斷地重複播放，可以產生提醒作用（劉美琪，2000）。

電子看板的缺點以及限制則有：(1)電子看板無法傳遞複雜的訊息，而且廣告時間短（每檔以十秒計），訊息稍縱即逝；(2)目前無法明確計算接觸率，對刊登者而言，廣告效益不易評估；(3)由於技術面仍有缺陷，有時畫面設計刻板、大晴天時亮度太強、單向的溝通不易引人注意，而導致受眾的關心度低；(4)十字路口經過的人車形形色色，不易針對產品的市場區隔掌握目標對象；(5)最後，電子看板的位置與設置的高度通常無法滿足四面八方的人車能見度，具有高度與方向性的限制（劉美琪，2000）。

一、戶外媒體的表現形式

(一)Q-Board

Q-Board原名Quick Board，取其能以極短時間將重要訊息製作完成播出，突破傳統戶外看板的呆板限制。Q板所以能擺脫戶外看板無法立即變化的限制，其關鍵就在靈活地利用電磁效用，操作這四色旋轉體。成千上萬的旋轉體，各有四種顏色，加上數十種混和色階，使Q板成爲極富變化的超級大拼盤。使用者可依排列組合拼出心裏想要的文字和圖案。Q板也有耐久，不怕風吹、雨淋、日曬的特性，主要源於樹脂小方塊材質，本身即具有耐久、防熱、防火、防靜電、防紫外線等功能，所以Q板在相當長的期限內，均不致有毀損之虞。

(二)T-BAR

如同路牌，座落於高速公路兩旁的T-BAR也是一個遍布全省的戶外媒體，目標對象專門鎖定高速公路上的車輛。由於這個媒體設置地點的特殊性，往來受眾的行車速度極快，故而圖面設計是否能夠立即抓住駕駛與乘客的目光便是一個重點，並且文字必須精簡易於閱讀，字數不可過多，字級不可過小。在廣告價格上，以某家代理商（青廣廣告公司）爲例，所代理的T-BAR超過五十座，媒體費用約爲新台幣兩百萬元一面，因爲T-BAR的廣告製作技術並非一般廣告主所能自行完成，媒體費中已包含代理商的廣告製作費，廣告主要特別注意的是，一些緊鄰高速公路兩旁的T-BAR並未合法取得營業執照，在委託前必須深入瞭解清楚（劉美琪，2000）。

(三)LED電腦看板

LED電腦看板是由成千上萬個LED粒子所構成。LED（light emitting diode）粒子，中文名稱叫二極發光體，是一種有顏色的發光半導體，呈圓球狀。目前國內使用的LED有紅、綠、黃、黑四種顏色，能排列組合成千變萬化的圖案及文字。如利用色階的差異性和快速的變化，也能表現出立體感和動畫的效果，透過軟體網路，與新聞、社會脈動結合，發揮戶外小型電視台功能。

(四)電視牆

另一種更大型的電視叫DV（diamond vision），是由許多細小矩陣式平面映像管所組成。DV的組成，是依小光點、色元素、螢幕元件、螢幕單體、螢幕組件組合，然後再依裝設場地的大小，組成為一百九十吋到六百吋的大電視，甚至有更大的顯示螢幕。DV等大電視在性質上與Q板不同，因為DV基本上就是個電視，有電視色彩艷麗及直接播放等基本功能，它能與畫面同步發音，更是其他戶外看板所無法達到的。

但大電視的致命缺點是放在室外，容易受光線影響，畫面太亮而看不清楚。電視牆可提供聲光、色彩、動作，在熱鬧的都會區，尤其是逛街購物地段，最能吸引年輕人的注意，也因此頗為適合以都會年輕人為目標對象的時尚性產品。以台北市

圖6-8　NIKE形象廣告—黨部勝負篇

（圖片提供：時報廣告獎執行委員會）

新光三越百貨公司前的大型彩色電視牆爲例，該媒體於民國八十五年度起用，廣告租期最短以一個月爲單位，每一檔三十秒的廣告收費兩萬六千四百元，可一天重複播出十六次，一個月總共播放四百八十次。以台北市、高雄市火車站內的電視牆爲例，廣告租期最短也是以一個月爲單位，每一小時播出兩次，一個月總共收費十五萬元（劉美琪，2000）。電視牆是一種高科技的傳播媒體，雖然是由許多小電視組合而成，但影像顯現、文字顯示、特殊效果顯示，均能輕鬆應付自如，還能與電腦連線，發揮電傳視訊、實況轉播等功能。

電視牆的缺點是畫面分割過於明顯，近處不易看出螢幕顯示的影像，畫質不如一般電視。

日本電通PROX與Aoi Studio兩家公司，共同研發一種叫做Search Vision的新媒體，它是利用電腦自動追蹤氣球或飛艇的同時，以超大型投影機，將影像投射其上，作爲廣告傳播的媒體。這個新開發出來的媒體，不但滿足了廣大群眾對夜空的好奇感，也解決了廣告客戶長期以來，對飛艇或汽球無法在夜間發揮廣告效果的煩惱。

還有一種新電視媒體是「雙面電視車」。「雙面電視車」是由二十五吋和一百吋的兩台大電視構成，架在一輛小貨車上，沿著馬路邊跑邊放廣告。

(五)海報（posters）

海報是最能吸引人注意的一種。它在戶外、交通媒體上出現，甚至是商店、垃圾桶外。海報設計是圖表設計的高度創意呈現。海報可隨時吸引人們的注意，所以地點適當很重要（**圖6-8**）。

(六)運輸（tramsit）

運輸廣告包含各樣式的海報及不同類型的運輸廣告和運輸系統。包括(1)外部運輸：運輸的佈告板包括公車、計程車，只要是會移動且可傳遞訊息的都是戶外廣告。交通廣告訊息要清楚、簡單、簡潔且直達重點。印刷的公車，公車的車體可提供訊息的傳遞。以及(2)內部運輸：在車體內的廣告與外部的廣告不同，在於訊息設計的概念不同。訊息不必簡短，也不是從遠距離看，它主要對象是不開車的旅客。有電子板，放在駕駛座後方，用來提供乘客訊息及廣告的新科技。捷運廣告，專家建議短文案的廣告應該像海報一樣貼在走廊，而長文案的廣告應放在月台上，讓等待的通勤人閱讀（**圖6-9**）。

(七)展示（display）

展示廣告包括各式的媒體類別設計來使訊息曝光。

展示廣告在商店通常是以商品爲導向，以支持別的主題，例如：季節性、開學季……等。有POP，店頭廣告展示是產品廣告最普遍的一種。用來標示特價或吸引注意。標誌與橫幅，零售商店會擺設許多不同種的標誌，例如：櫥窗放減價的告示以吸引人潮。橫幅會掛在商店門口，或在建築物上。架子展示，通常用在特價產品前的標示。

(八)戲院廣告（theater advertising）

類似電視廣告，但是時間更長並且更具娛樂效果。具備好的視覺畫面及優美的音樂。戲院能接觸到電視較難接觸到的青少年，且它的環境很難讓觀眾逃避廣告訊息。

圖6-9　遠傳電信——*147#系列

運輸廣告包含各樣式的海報及不同類型的運輸廣告和運輸系統，只要是會移動且可傳遞訊息的都是戶外廣告。交通廣告訊息要清楚、簡單、簡潔且直達重點。

（圖片提供：時報廣告獎執行委員會）

二、戶外廣告的發想

(一)創意考量

通常佈告欄的創意以可記憶的視覺爲設計主軸。有兩個影響設計的因素：一是移動中的人看的廣告，二是遠距離的廣告，清楚簡單的設計的是必備的元素。

1.少字：來往人潮通常只是瞥過你的廣告，所以訊息必須非常強烈、清楚、簡短。所以佈告板上通常沒有文案，創意概念一瞥就可以瞭解。

2.顯著的藝術：戶外藝術通常是動態且圖表式的。文字必須夠大到讓遠處的人也能看見。

3.易讀的字型：易讀性對佈告欄來說是很重要的，並且要使用加粗且大的字型。避免細節及過度的裝飾。

4.色彩：色彩是吸引注意的重點，除了建立聯結度，還要注意對比色彩的運用，例如，黑與黃就很出色。

5.革新：一個有趣的廣告革新是創造延伸形狀的廣告；另一種是運用幾何學創造出來的3D幻影廣告，可吸引大家的注意；還有旋轉的壁板，有規律的旋轉版面，呈現不同的廣告；panagraphic billboards像是在電影院看到的廣告，利用半透明的投射；spectacolor是電子化的展示板。

6.架子的陳列：專家宣稱有八成的購買決策是看到架子上的商品才決定購買的。

(二)策略

1.傳播訊息：包裝的功能是快速且簡單的傳播，它創造辨別與瞭解，並且傳達產品是什麼及其所屬的品類。

2.消費者問題：包裝可用示範或教育式來解決傳播所不能解決或傳遞錯誤的訊息。

3.刺激行為：包裝主要的目的是刺激行為，產生想買產品的欲望，即使是第一次購買。

4.目標和區隔：包裝可用來鎖定目標及區隔，但大部分的產品是以小眾為目標。包裝是有效的區隔策略的關鍵點。

5.價格和品質：包裝的一個重點是價值，必須要反映在價格上。

6.品牌可見度：用在包裝設計上，可以創造品牌可見度，例如運用色彩、圖表、品牌名稱。

7.區別和定位：包裝的目的是定位和品牌區別。包裝必須暗示產品的特徵和獨特性。

8.產品個性：包裝可表達產品的個性及情緒基礎的調性。是一種有力的溝通工具。

(三)形象的資產

1.品牌：長時間品牌資產的建立是在視覺形象。例如，可口可樂罐子上的字型及曲線瓶的線條就是品牌資產的一個相當重要的概念。

2.分類：這是視覺語言控制的一種類別，例如用綠色來代表蔬菜及新鮮。

3.立即的意象：消費者購買決策通常是以產品印象作基礎。一個包裝顧問公司的總裁表示，立即的意象與設計良好的包裝在消費者購買時有優先的地位。

(四)製作

包裝是面對消費者購買的第一線，有取代銷售員的力量。

1.結構：科技改變了包裝的限制，不僅只限於罐頭的包裝，也可以是塑膠或是保麗龍……等不同的方式。

2.順序：設計主要的功能就是將混亂的元素排列，使之有順序。

3.測試：大部分的包裝設計需要測試可見度、消費者選擇和消費者態度。

4.製作：大部分的包裝是用平板印刷，flexography是印刷不規則表面的工具，最新的科技是用雷射製作的圖片，具有3D影像的技術。

網路廣告

近年來由於網際網路快速興起，國內有許多企業廠商爭相在網際網路上設置網站進行廣告與行銷，雖然有若干企業確實藉由網際網路而得到成功，但是多數企業仍缺乏在這個新興媒體做行銷的參考架構，只能憑直覺判斷，因此有51%投入網路行銷的公司每個月不但未獲利，反而呈現虧損狀態（周冠中，1997）。從國內的網路族調查資料來看，在網上曾有線上購物經驗者約占13%左右（賴偉廉，1997），與美國的84%相比，確實落後甚多。另外國內網路族對於線上購物最擔心的問題是「交易安全考量」和「商品信用度」；而美國的網路族對於線上購物最擔心的問題並非交易安全和頻寬不夠這類的技術性問題，而是「很難在網路上找到特定的商品項目」、「售價偏高」、「單一網站銷售的商品種類太少」、「售後服務不佳」（Jarvenpaa & Todd, 1997）。這個差異顯然反映出在網路商業發展的不同階段，消費者所關心的問題也不同。

網際網路之所以能快速地成爲企業進行商業活動的管道，主要是因爲網際網路具有以下特質：

1.全球相連，無地域、時差限制。

2.圖形化介面使用容易。

3.資料傳遞速度快。

4.資料可隨時更新。

5.具有互動性，消費者主導權增加。

6.可提供多媒體形態的資訊。

7.甚至具有虛擬實境效果。

8.資料容量的深度與廣度大。

網際網路對企業是一種新形態的媒體，在使用初期以提升、推銷產品／服務的形象爲主，等到網路環境逐漸成熟，交易方式與安全開始發展，企業開始透過線上進行直接行銷（陳廷榮，民85），以更輕鬆、更有趣、更有效的方式獲得行銷資訊。再從消費者的觀點視之，經由網際網路購物可以有以下的好處：便利、有完整而即時性商品資訊、能獲得針對個人量身訂做的商品訊息和服務、價格可能較低、維護個人隱私、避免銷售人員硬性推銷等。事實上，從許多相關的研究中發現，「便利」是網路購物者最常提到的主要原因（Jarvenpaa & Todd, 1997; Burke, 1998）。兩家最大的個人電腦直銷商DELL電腦和GATEWAY 2000就充分運用網際網路的優點，在直銷業績上漂亮出擊。他們讓顧客在網路上選擇組裝自己想要的配備，並且立即知曉各種組合的價錢，選定後立即下訂單，廠商再依照顧客需求的配備出貨。這種作法不但廠商節省了通路鋪貨的開銷，也降低庫存的壓力，是相當成功的網路行銷典範。

儘管網際網路有諸多優點，但是也有學者和業者指出目前網路行銷有許多的缺點和限制。Deighton（1997）曾經指出：(1)消費者若要配備一套能連網和做基本操作的電腦軟硬體，必須要花費不少錢，因此限制了普及性；(2)隱私權和安全性仍然是兩個棘手而難解決的問題。另有學者指出連網的操作相當複雜，不易大量普及。學者們發現許多人在連網時常會遭遇線路不良、忙線、忘記密碼，以及把電腦操作指令弄混的困擾（Kraut, Scherlis, Mukhopadhyay, Manning & Kiesler, 1996; Franzke & McClard, 1996）。行銷學者Peterson等人（Peterson, Balasubramanian & Bronnenberg, 1997）將產品分類並且預測消費者可能採取的購買決策行爲，發現網際網路與傳統行銷管道在消費者做商品資訊搜尋及比價，和最後的購買交流，確實是既競爭又互補（以上摘自郭貞，2000）。

網際網路迅速地在全球擴展，網路市場的擴大與潛藏的商機促使「網路行銷」（internet marketing）相關概念受到重視，凡利用internet或商業網路來進行廣告、服務、銷售、付款等商業行爲，皆可稱爲網路行銷。隨著電腦科技精進與政府政策之推動，網際網路挾其互動、即時、低成本、多媒體及不受地理限制等特性，迅速地在全球拓展開來。

網路行銷以網際網路爲通路或傳播媒介，提供商品、服務、觀念等資訊，以滿足消費者需求，並達到行銷之目的。網路行銷的目的可分營利與傳播兩種：以營利爲目的之網路行銷即應用於「網路商業」上；以傳播爲目的之網路行銷則以塑造企業形象、提升品牌知名度、推動公共關係、告知活動訊息等爲目標。網際網路對企業行銷模式與媒體通路產生最大的變革，即是利用電腦科技與消費者進行大量「一對一」的行銷服務，是以顧客需求爲中心導向的行銷模式。基於「好的圖形使用者介面就是簡單自然的對話」，倘能在現有的網路行銷模式下，透過操作方便的WWW Browser，開啓面對面立即交談的管道，即符合所求（以上摘自施東河、陳宇佐，2000)。

最早網路廣告的刊登模式屬於「固定版面式廣告」(hard-wired ad.)，後來演變成「動態輪替廣告」(dynamic rotation ad.)，讓不同使用者在同一網頁上看到不同的廣告，可針對不同網頁內容或不同目標族群提供適當的網路廣告，這種廣告背後有賴精巧的軟體系統程式與資料庫支持；其他的廣告形式還有具聲音、影像、互動模式的豐富媒體(rich media)，以及能夠放大的「擴張式橫幅廣告」(expanding ad.)。橫幅廣告的內容因篇幅限制，故以贈品誘因、促銷活動，甚至直接寫著「請按這裏」吸引點選爲多，目的在吸引消費者進入企業網頁或網站。

網路廣告是唯一可依實際接觸率收費的大眾媒體廣告形態，廣告主可以明確控制廣告成本與預期目標。目前國外普遍使用的是以網頁閱讀(page views)爲依據的「每千人(次)成本」(cost per mille, CPM)，爲網路廣告計費主流。台灣於一九九七年十月，由中時電子報率先採用CPM觀念收費，業界開始跟進。

廣告主如果想要刊登網路廣告，通常可透過下列幾個管道：(1)廣告代理商：雖然網路並非廣告代理商的專長，但爲了配合客戶需求、跟進媒體趨勢，一些綜合廣告代理商已經在公司內部成立了網路廣告相關部門，以處理相關事宜；(2)網站設計公司：網站設計人員雖然擁有技術但缺乏行銷知識，因此，多半負責客戶網站的架設、網頁的設計等執行製作的層面，在廣告業務方面較不深入；(3)網路行銷公司：看好台灣網路廣告這塊大餅，許多國際性網路廣告公司已紛紛來台設立據點，這些公司較類似於顧問的角色，提供客戶全面性的網路諮詢與執行；(4)網站連播機制：不同於一家一家的網站各自販售廣告，一些連播機制聚集眾多中小網站的流量，創造出接近入門網站的涵蓋率，以page不以site爲刊播標的，發揮廣告效益。

由於各個販售網路廣告的單位所規劃的廣告形式、計價方式不同，以下將舉例來加以說明：

以蕃薯藤為例，廣告可針對目標對象選擇蕃薯藤搜索引擎、小蕃薯、網托邦或新聞網、理財網、音樂網、女性網、英文新聞或流行時尚來刊出。光是在搜索引擎上，可選擇的廣告版位就有：首頁輪替式廣告、首頁icon輪替式廣告、搜尋結果輪替式廣告、指定關鍵字搜尋結果固定式廣告、指定分類搜尋結果固定式廣告等。最低基本訂購單位，亦即廣告曝光次數為十萬次，首頁輪替式廣告的基本訂購單位為四十萬次，每週收費八萬元（蕃薯藤，1999）（以上摘自劉美琪，2000）。

新媒體（電子媒體）將促成「地球村」的早日到來。地球村指：由於電子通訊、電子媒體與跨國企業的日益發達，訊息傳遞方式的改變，資本流動方式的改變，最終改變了人的組織意識，進而改變了人與人、地域與地域、國與國之間的「距離」概念，「距離」已非以「物理距離」來測量，人對世界的觀點已非傳統的地域概念所能概括。麥克魯漢所提出的地球村概念倒不像他所提出的其他概念「老是受到誤解」，而是一下子廣為各界所接受。傳播學或傳播意識的最大改變還是在八〇年代，這種改變是透過科技的改變、傳播體制的改變，進而對人的學習習慣、生活習慣、價值觀（或是說文化符碼系統）產生改變。這些改變有：

1.有線頻道與衛星通訊的商業化，這促成小眾文化或分眾誕生。
2.電腦網路通訊、電腦普及化及複製技術的成熟，這促成「無體財產權」的重新界定。

3.電腦網路通訊、電腦普及化及複製技術的成熟，這促成「知識」壟斷的重新界定。

4.電腦網路通訊、眞境模擬、電腦普及化與塑膠貨幣信用卡的結合，這促成「實體消費」的重新界定，甚至改變了人類對財產的新概念。

這些改變，不但豐富了傳播學也改變了人類的傳播意識，事實上也在在衝擊著廣告設計，以及整體設計行業（以上摘自楊裕富，1998）。

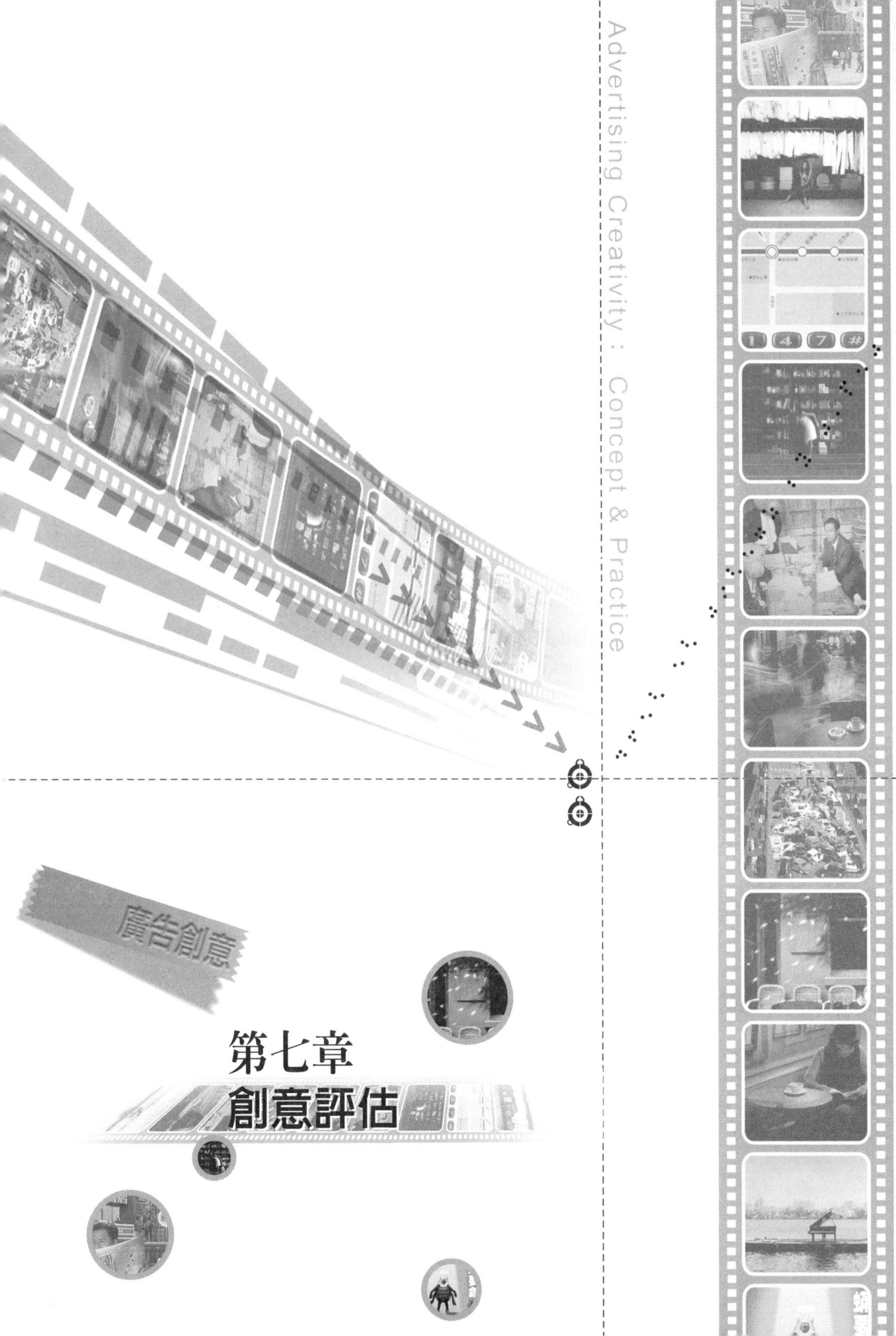

第七章 創意評估

John Wanamaker曾說過：我知道有一半的廣告預算浪費掉了，但我不知道是哪一半。評估廣告是評判和科學測試的混合。而評估包含內在的（個人對文案測試的評斷）與外在的（客戶端、市場調查……）兩個主要變項。

• 創意的範疇

李奧貝納是美國近代重要的廣告人之一，他認爲所謂「廣告創意思考」的重點在於如何運用已知的、有關的、可信的和高品質的方式，使一些原本無關聯的事物重新組合，發展出新而有意義的作品。因此，李奧貝納廣告公司的原則是創造或開發產品品牌的故事性（inherent drama）。

BBDO（Batten, Barton, Durstine & Osborn）廣告公司則是提供了「探知消費者的問題」的核心思考原則，同時Claude Hopkins也強調廣告創意思考應以消費者調查爲支持點，兩者皆以消費者導向和消費者語言的觀點，加強與消費者溝通和親近的廣告創意思考。

揚雅廣告公司的Ray Rubican認爲廣告創意的原則在於「原創性」（originality），原創性意味著如何使廣告更有趣、更具說服力和更有效。 而富康廣告公司（Foote Cone & Belding）發展的廣告創意思考法——“FCB Grid”，以掌握消費者購買的心理和決策歷程，設計有效的廣告訊息策略影響消費者。

至於，創意性思考的後續則是策略性思考的承接，第四章即討論過輔以策略的支持和正確性，如何發展廣告的策略性思考。

何謂好廣告？

廣告大師大衛奧格威曾說：偉大的創意是要能歷久彌新（Big idea, creativity is one stands up time！）因此，評估創意通常會以兩種觀點出發，一爲以一般消費大眾或訊息受眾的角度；一爲廣告創意人員自省的角度。

一般而言，評估有銷售力的廣告創意是以購買者（即消費者）的標準爲標準。有下列評估的準則：

一、能否使銷售量上升

「叫好又叫座」的商品通常具有雙重市場利益，市場知名度高（廣告效果）和指名購買率高（銷售效果）。一個好的廣告創意必須肩負市場銷售的重責大任——使銷售量上升。例如金蜜蜂冬瓜露，以白冰冰爲代言人傳達「冬瓜露和everyday（台語，矮胖短之意）」幽默訊息，使銷售量由廣告前每天六百箱增加至廣告後的六十萬箱；豬哥亮的「斯斯有三種」斯斯感冒藥等雖被評爲「不入流的創意」，但都是明顯地使銷售量上升的作品。

二、能否引起消費者或受眾的同感

「講消費者的語言」是使消費者產生共鳴的主要方式。由「只要我喜歡，有什麼不可以！」、「你在看我嗎？你可以再靠近一點！」、「我們要結婚了，金幣送給你，夏威夷我們去」、「這個月來了嗎？」等膾炙人口的廣告語言，不難發現，創意需要共賞而非孤芳自賞。

三、創意是否是獨一無二的

創意講求的「訊息單純」(simple-minded),也點出了訊息的獨特(unique)重要性。司迪麥口香糖獨特的「意識形態」表現風格,將青少年、上班族等社會現象和產品扣連,以另類方式和風格呈現,是台灣的廣告史上的重要分水嶺。

四、創意是否符合策略

符合策略的創意是評估的重要指標,將產品的利益點和問題解決的功能,清楚的傳達給消費者是好創意的基本工作。Konica軟片「用相片寫日記」和「拍誰、像誰、誰拍誰、誰像誰」,直

圖7-1　中興百貨——衣櫃篇、貨架篇

創意講求的「訊息單純」(simple-minded),也點出了訊息的獨特(unique)重要性,物欲橫流光是買還不夠,還要不斷的買、大量的買,它就是現代消費最極致的消費心理。

(圖片提供:時報廣告獎執行委員會)

指產品核心。

(五)創意是否能使用長久

好的廣告創意經得起時間的考驗，「好東西與好朋友分享」、「不在乎天常地久，只在乎曾經擁有」等創意點皆使品牌生命延續。而大衛奧格威著名的金龜車作品"It is small"，不但成功的將品牌推上高峰，至今仍是家喻戶曉的品牌概念。

創意人自我評估

廣告創意人皆以懷胎十月的心情創作廣告，因此常難以取捨。各廣告公司的創意作業流程中，皆絞盡腦汁為創意人員制定創意審核表（checking list），以使其核准廣告之前，先自省之。在創意完成到最佳的取徑或執行前，公司會有一組資深的人員再檢視一遍，使創意更臻完備，才能到客戶前面提案。

以下以Benton & Bowles公司為例，提出創意人自問的六個問題：

1.廣告創意中，有無偉大的創意點（big idea）？
2.有無清楚的標語（slogan）或朗朗上口的主題口語話（theme line）？
3.訊息是否與產品攸關（relevant）？
4.是否已為陳腔濫調（hackneyed）？
5.是否具有示範效果（demonstrate）？
6.是否足以使消費者相信（believable）？

Copy platform檢核表

原則：

1、請依提案內容審慎檢核，給予評分。
2、每一項目的分數為0-5分，請忠實給分。
3、請組員討論結果記分。

Copy Platform內容包含：

( ) 廣告目的：廣告必須達成的最大目的是什麼？
( ) 機會、問題點：商品機會如何？其優點、弱點以及問題點如何？
( ) 希望效果：想藉廣告獲得的反應、行動如何？
( ) 訴求目標對象：向誰廣告？現在及今後使用者及購買者是什麼人？
( ) 商品目標對象標的想法：消費者目前對所要廣告的商品有何想法，有無特別錯誤的想法？
( ) 對說服有效的資料：為了獲得消費者目前的想法以及我們所期待的反應效果，何種資訊最為有效？
( ) 支持點：是否有支持上個項目的資料？
( ) 品牌印象：是否產生？
( ) 媒體、預算、調查：媒體選擇、預算規模、創作調查、廣告效果測定，必須考慮之點為何？
( ) 原創性。請說明＿＿＿＿＿＿＿＿＿＿＿＿＿＿＿＿＿＿＿＿＿＿＿＿＿＿＿＿＿＿

總分：(　　)

文案人員也應該知道的一些基本常規（regulation）——每個宣稱都必須要證明，而不能誤導消費者。內容包括：

1.證實：每個宣稱都必須要證實，運用可靠和合法的證明。挑戰通常是競爭者提出。
2.誤導或欺騙：誤導是指廣告沒有將事實完全表達，例如：誇大、欺騙，而造成誤導。

3.不正確的廣告：就是錯誤的廣告或不實廣告。

4.著作權或商標保護：原始的創作如書本、文章、音樂……都受著作權保護。

5.其他慣例：

(1)有些公司一開始就以「特價」來標示，結果不知道它的原價，而且一直都是特價的情形。

(2)航空有關票價的問題，因爲政策的關係，很難在收音機或電視看到有關的議題。

(3)食物很難說具有一定的效果，例如：健康、減肥……等。

(4)香煙廣告不可以在電視出現，而酒類可以在廣告出現，但法律不允許有人示範喝的動作（現在應該沒有禁止了）。

(5)特效的廣告也有被禁播的經驗。

調查研究方法

調查的方法一般分爲質化（qualitative）和量化（quantitative）兩種。質化調查希望瞭解消費者的想法和感覺的分享，又稱爲動機研究（motivation research）。有兩種技術，一爲投射技術（projective techniques），一爲質化深訪（intensive techniques）。

一、投射技術（projective techniques）

投射技術是藉由消費者對間接性問題的回答來瞭解其心中眞正的想法，目的是瞭解潛在的感覺、態度、興趣、意見、需求和動機，例如提供一幅畫或一篇文字讓消費者說出心中的感覺，或是試著將自己置身於一情境或經驗中，以投射的感受和經驗回答有關產品的問題。常見的投射技術有下列四種：

(一) 連結測試（association test）

指在提示或告知受測者品牌名稱或是商標後，再由他們發表看或聽後所產生的感覺或聯想。此測試可以達到兩種目的提供文案人員參考：可以避免不適當或負面聯想的產品名稱或商標；進一步測試出最佳的產品名稱和商標。

(二) 句子或圖片完成法（sentence or picture completion）

由研究者讓受試看一幅未完成的圖片或是一句未完成的話，由受試完成剩下的部分。例如，想知道華航公司的廣告旁白是否有效，請受試完成下列句子：「相逢自是有緣，……」。受試者如能完整回答「華航以客爲尊」，則此文案可說是有印象效果。

(三) 對話法（dialogue balloons）

提供類似漫畫的圖畫給受試者看，請他們填入主角的對話內容，在對話中多半來自受試者的感覺和經驗的投射，因此可從中瞭解其內在的想法或是類似的經驗。

(四) 故事完成法（story construction）

此方式是請受試者描述一幅畫或是一個場景的故事。例如可以問話中主角的個性爲何，他們正在做什麼，在此情景下他們開什麼車或是往哪裡等問題，受試者在各式的描述中通常會陳述出其過去的經驗或是對事物的看法。

二、質化深訪（intensive techniques）

質化研究透過直接詢問，目的爲了探索受試者深度的感覺、態度和信念。典型的方法包含深度訪談和焦點團體。

(一) 深度訪談（in-depth interview）

使用謹慎有計畫、但結構鬆散的問題來探測受試者深刻的感覺。

(二) 焦點團體（focus group）

最多不超過十二個人。藉由消費者或是訊息的目標對象和專業主持人之間的談話，在腦力激盪中發現一些新資訊。通常好的主持人可以讓受訪者在輕鬆的情況下，分享他們的經驗和意見，而得到更多的資訊，例如SKII由此得到熟齡婦女最在意的問題是「臉上的細紋被看到」，或是「別人靠近一點看見臉上的細紋」，從中獲得消費者問題，作成旁白的文案「你在看我嗎？」、「你可以再靠近一點」。這些受試者首先會被問及一些普通的問題，接下來一步一步進入有關品牌或商品的相關問題，以獲得寶貴且深入的資訊。

三、量化調查

量化調查是廣告主用來獲取市場環境確實的統計數字，以確定市場變數研究。蒐集量化資料的三種基本方法爲：觀察法（observation）、實驗法（experiment）和調查法（survey）。

(一)觀察法（observation）

研究者實際監測人的行爲。另一種全球產品條碼（UPC, universal product code），是一種帶有十二個連續垂直條碼用以辨識每一個產品，可幫助廠商作時間和存貨的掌控，並提供測量廣告回應豐富的資料。

(二)實驗法（experiment）

研究者可以使用此法衡量精確的因果關係。

(三)調查法（survey）

蒐集原始資料最普遍的方法。研究者詢問目前或潛在消費者各種問題，蒐集攸關態度、意見和動機等訊息。

廣告效果調查

一、廣告效果調查的種類

廣告效果調查一般依照廣告活動進行時程來制定，分爲廣告事前調查、同時調查（進行中調查）和事後調查三種（**表7-1**）。

(一)廣告事前調查

當廣告製作物設計完成後但未上媒體之前，爲了衡量廣告效果不至於在廣告上了媒體後才發現問題（浪費廣告預算），廣告主和代理商有時會進行調查以作爲測定廣告目標是否達成的衡量標準。探討的問題包括：

表7-1 常用廣告調查手法

事前調查	同時調查	事後調查
避免廣告費浪費，廣告活動展開前蒐集正確相關資訊、媒體質量分析等。	鎖定預期之廣告目標，調整廣告戰術。	廣告效果測定。
觀察法 個別訪問法 集體調查法 電話調查法 郵寄調查法 動機調查法 等級法 對照法 視向測定器 瞬間顯露器 精神電流測定器 心理反應紀錄 皮膚電流反射器 心電圖測定器 腦波測定器	觀察法 個別訪問法 集體訪問法 電話調查法 郵寄調查法 動機調查法 視向測定器 瞬間顯露器 日記法 自動紀錄器 分割法 實驗法	個別訪問法 集體訪問法 電話調查法 郵寄調查法 日記法 分割法 記憶法 認識法 精讀率測定法 銷售調查法

1.廣告的內容和訴求？

2.廣告銷售的重點？

3.廣告表現的手法是否吸引注意？

4.是否相信此廣告效果？

5.看完廣告後，購買產品的興趣和欲望增加或減少？

6.是否喜歡此廣告？

(二)廣告同時調查

鎖定預期之廣告目標，調整廣告戰術。此時廣告活動進行一半，由閱聽眾或消費者反映即可知道廣告效果。可作爲調整下半階段廣告策略或執行方法的調整。

(三)廣告事後調查

乃針對廣告活動結束後實際廣告效果，包括媒體效果和銷售效果等。所以包括回憶測試、詢問測試和銷售測試。

1.回憶測試（recall test）：瞭解受試者有多少人能回憶廣告。

2.詢問測試（inquiry test）：按受試者看到廣告後向廣告主詢問量多寡，衡量廣告效果。

3.銷售測試（sales test）：銷售量變化。此法的邏輯爲，廣告做得好可反映在產品銷售量上，但眞正市場上仍有許多變數會影響銷售量，如鋪貨情形等。因此此法易失客觀。

二、廣告效果調查之評估

在創意的過程中，廣告持續測試正統的名稱爲文案測試。可分爲兩種：前測和後測，前測是用在文案發展，後測是用來評估使用後的效率（**表7-2**）。

(一)創意策略

包括測試和確認策略是否有執行在創意中。指標包括：訴求、承諾、利益和其他策略的取徑。

表7-2 廣告調查時程和方法

	廣告策略研究 Advertising Strategy Research	創意概念研究 Creative Concept Research	前測 Pretesting	後測 Posttesting
時間點	在創意思考前	在廣告代理商產生前	在完成藝術工作及圖片前	在活動結束後
研究內容	1.產品概念定義 2.目標視聽衆 3.傳播媒體 4.廣告旨趣	1.概念的測試 2.標題的測試 3.口號(標語)測試	1.平面測試 2.廣告影片測試 3.商學廣播測試	1.廣告效果 2.消費者某行為的變化 3.提升銷售量
測定方法	消費者態度研究	1.自由聯想技術 2.有效的面談 3.陳述的對照	1.消費者評定法 2.範例媒合式 3.作品集測驗 4.廣告影片測試 5.機械的手段 6.生理學上的測試（physiological-testing）	1.輔助回想法（aided recall） 2.純粹回想法（unaided recall） 3.態度測試（attitude test） 4.詢問法（inquiry tests） 5.銷售測試（sales test）

(二)概念測試

概念評估的結果是最後決策的最佳取徑，例如：測試點子是否吸引注意。不斷的測試與修正才能使概念完美的呈現。

(三)執行

接下來是執行的評估。執行的評估有許多項目，而要評估這些項目也有許多方法。有些決策是閱聽眾的回應，比創意評斷更具功能性。

(四)事後評估

測量的方法有超過一百種，每一種都可以執行。專業人士指出讀者與銷售說服不同，下表列出個別面向擁有高價值的個別廣告評估百分比：

Comprehension	80%
Behavior	63
Attitude	63
Recall	63
Buying preference	53
Believability	38
Recognition	15
Persuasiveness	13
Ad-liking	13

廣告創意與行銷創意

廣告源自於行銷組合四P（產品product，價格price，通路place，促銷promotion）中之促銷，身爲促銷之要素，廣告透過大眾媒體將訊息傳遞給目標視聽眾，行銷工作者希望受訊者接收訊息後能有所回應。因此廣告與行銷之間的關係在九〇年代，更是緊密不可分。本節將介紹行銷的基本觀念，並從中瞭解廣告所扮演的角色，以解讀廣告的可作性以爲策略思考。

一、行銷的本質

行銷是滿足需求的社會化過程，而廣告是創造滿足欲求的心理歷程。兩者皆是透過交換與消費者互動。行銷演進的過程中，廣告也扮演重要的角色：生產導向時期（product-oriented）約莫十七世紀，廣告旨在商業告知（commercial announcement），告知消費者商品並成為製造商和消費者之間溝通的橋樑；銷售導向時期（sale-oriented），製造商體悟供給大於需求的結果，需以銷售技巧使商品流通，因此廣告成為硬銷（hard-sell）的一種工具；行銷導向時期（marketing-oriented），又稱為消費者導向時期，生產者深刻體會「行銷潛在顧客所要的產品，要比說服顧客來買公司已生產的產品來得容易」，透過廣告創造消費者需求，不但可以增加商品使用率、告知新的使用方法，還可以吸引新的使用者。誠如，露華濃（Revlon）公司的創始人曾說他靠「銷售希望」賺錢，因為化妝品公司主要銷售「希望」，他們以高價出售成本不高的產品（行銷定價），但這「希望」需倚賴許多昂貴的而有效的廣告費用達成。

二、行銷觀念

行銷觀念強調顧客的重要性和消費者的滿足（consumer satisfaction），且認為行銷活動必須以顧客為主要考量。因此，透過一系列協調而達成組織目標的活動，提供產品、服務或觀念以滿足消費者需求，即為行銷觀念。將行銷觀念落實於企業組織或活動內，就是具有市場導向（market orientation）的行銷觀念，企業必須整合組織內各項資源，包括研發（R&D, research and development）、生產和行銷等，共同致力於滿足顧客長期、廣泛的需求，同時兼顧企業組織目標，以為永續經營之道。

三、行銷組合四P傳播的延伸：四C和四V

行銷演進（**表7-3**）的歷史可由生產導向時期開始，認爲消費者喜愛任何買得到且買得起的商品，因此工作重點爲改善生產和配銷技術，廣告的功能僅止於告知消費者即可有銷售；而產品導向時期的廠商相信消費者喜愛品質功能極具特性的商品，因此致力於追求品質提升與改良，一九六〇年代哈佛大學教授Ted Levitt提出行銷近視症（myopia）形容當時廠商所形成的通病，而廣告的功能著重產品的詳盡說明；銷售導向時期的時代背景，使廠商被迫於競爭環境必須以銷售和促銷吸引消費者，著眼於產品的大量銷售創造利潤，因此廣告必須以不斷的說服訊息催眠消費者購買；行銷導向以消費者需求爲考量，廣告肩負提醒消費者和不斷創造消費者需求的任務，一九六四年行銷學者John McCarthy提出行銷組合（marketing mix）的觀念，傳統四P以廠商（賣方）立場思考；而進入九〇年代，B. Lauterboum教授顛覆此架構，認爲須以消費者（買方）四C立場著眼。輔以四V的創意概念連結，才是未來行銷之大趨勢，因此形成整合行銷傳播（IMC, integrated marketing communication）的蓬勃發展。

(一)產品（product）—消費者（consumer's needs & wants）—多用途（versatality）

產品應以滿足消費者需求和欲求爲主，並融合環境趨勢的變通性考量。例如，麥當勞的兒童餐，不但與迪士尼電影策略聯盟共同行銷；更透過營養師設計食譜，提供學童營養午餐，免除家長對「高熱量速食」的疑慮。

(二)價格（price）—物超所值（cost to satisfy）—多價值（value）

傳統定價皆以製造商成本、競爭等考量，而忽略提供消費者物超所值的滿足感和無形價值的利益點，以建立續購和忠誠度。例如，麥當勞的經濟組合餐提供上班族實際的荷包儉省，而其店頭門市的顧客意見回函和080申訴專線，使消費者獲得有形商品和無形服務的全方位滿足。

(三)通路（place）—便利性（convenience to buy）—多元化（variation）

通路的設計以消費者便利購買且具多元變化才是符合現代行銷的重點。例如麥當勞的得來速（drive through）方便開車族購買。

(四)推廣（promotion）—溝通（communication）—多共鳴（vibration）

行銷推廣中所使用的人員銷售、廣告、促銷和公關活動等，皆須以與消費者雙向溝通爲主，其中產生共鳴感極爲重要。例如，麥當勞的公益形象廣受社會肯定，尤其長期贊助花蓮門諾醫院。而九二一大地震後，以重建埔里基督教醫院作爲公益捐助活動的對象，義賣史努比娃娃獲得極大迴響。

表7-3 行銷概念演進

行銷演進	生產導向→產品導向→銷售導向→行銷導向→消費者導向→消費者滿意→整合行銷 production-product--selling-----marketing-consumer-- 4p-----------4c----------4v IMC→ product---consumer---versatality price-cost to satisfy--value place-convenience--variation promotion-communication--vibration
廣告功能	告知→說明→說服→提醒與創造需求

四、產品生命週期觀

新產品發展（即商品化過程）的基本目的是讓市場接受新產品，行銷的目的則是以產品生命週期的概念描繪產品市場銷售所經歷不同的發展階段。這些階段分別是：(1)導入期；(2)成長期；(3)成熟期；(4)衰退期。這些階段的市場態勢、產品接受度、競爭狀況等均有不同，故也影響行銷策略和廣告策略的運作。然而，此概念所形成之銷售曲線（**圖7-1**）（**表7-4**）是以描述整個產品類別（品類，如電視機、飲料等），而非特定的品牌、企業或供應商。

(一)導入期（introduction stage）

產品生命週期導入期的階段，是產品創新和商品化歷程的開始，也是引進產品品類進入市場的先趨。其主要任務是刺激創新採用者和早期採用者取得配銷通路，因爲市場上尚無競爭者，因此需要投資高額的行銷預算和廣告以建立產品的認知，而利潤幾近零或負數。例如，大哥大儲值卡商品，和信集團以市場先趨之勢，不斷以「這個月有沒有來」（廣告雙關語帶出此商品較每月繳月租費的大哥大之優勢點），幽默廣告教育消費者。

(二)成長期（growth stage）

產品進入成長期不但已有顧客基礎，也吸引早期大眾型的消費者購買產品，產品的銷售量自然增加，相對競爭者也開始進入市場共同加速市場成長。因此行銷策略著重於開創新的市場區隔以延伸產品線，滲透市場取得高占有率，而廣告的重點則從產品類別轉至個別品牌。例如，大哥大儲值卡第二品牌——遠傳易付卡，在和信輕鬆打導入並教育消費者使用儲值卡商品後（導入期），順利以名人代言品牌的廣告訊息，強化消費者認知。

(三)成熟期（maturity stage）

成熟期產品銷售量已趨平穩，晚期大眾型消費者也加入消費，使市場競爭飽和，創造差異性和建立消費者購買忠誠與偏好是取得優勢之處，因此廣告多規劃「生命週期延伸策略」——延伸商品成熟的高峰。策略包括滲透新的市場區隔（找出新的消費者或發展新用途）、差異化產品（發展既有使用者不同的使用方法）或改變其他行銷組合（增加使用頻率）。例如，和信輕鬆打爲鞏固十九到二十五歲年輕族群消費者，以話題性廣告「愛的選擇」和網路發燒的互動行銷策略，加上產品超值組合和便利商店新通路販賣等，延續商品熱銷成熟期。

圖7-1　MTV音樂頻道「音樂與我同在MTV無可取代」

藉由三支系列廣告傳達MTV音樂電視頻道領導品牌形象，有音樂的生活才夠屌，MTV是唯一選擇。

（圖片提供：時報廣告獎執行委員會）

圖7-2　MTV音樂頻道「音樂與我同在MTV無可取代」

（圖片提供：時報廣告獎執行委員會）

(四)衰退期（decline stage）

在此階段銷售和利潤急速下降，市場上僅剩落後使用的消費者，而行銷目標以減少支出（包含廣告和各項行銷費用）和榨取剩餘價值爲主，即淘汰弱勢產品、作產品改良和重新定位，以進入新的產品生命週期。例如，黑白電視機至衰退期，便改良發明彩色電視機，重新生命週期的循環。

五、產品可作廣告性（advertisability）

學者Neil Borden在其“Economic Effects of Advertising”文章中提及「產品可作廣告性」的觀念，認爲有些產品可利用廣告增加消費者的購買慾望，即廣告對此產品有利用價值，但有些產品無論再怎麼作廣告也無法增加消費者的需求，因此基於行銷廣告預算有效運用之考量，探究產品須作廣告和不須作廣告的因素，即爲此觀念的重點。產品可作廣告性的條件因素爲：

(一)產品是否成爲社會趨勢

即產品是否爲社會整體趨勢所接受，是否能引領「從眾流行」皆是考慮重點。例如，一九九八年開放民營大哥大通訊業務，行動電話不但其持有率由6%成長至30%以上，更成爲消費性商品流行趨勢的指標，因此廣告主無不卯足全力加碼廣告預算，增加競爭力。

(二)產品可否發展「差異性」(differential product)

產品的市場競爭力首要取決於差異性的開發，即於產品力和廣告力上與競爭者的不同。例如，好自在衛生棉不但開發「有翅膀」的商品力，初期更結合廣告代言人「張艾嘉」證言，塑造區隔性訴求。

然而，跟風型（me-too）的廣告表現或商品，只是曇花一現市場，幾乎無投資廣告的必要。例如葡式蛋塔旋風，僅現身台灣市場不到六個月，便匆匆落幕。

(三)產品是否具有高度的銷售頻率，使資金流通再作廣告

有些商品並無高度的銷售頻率，如棺材、百科全書等，消費者的需求頻次低，相對其廣告的可作性低。

另則，有些商品淡旺季極明顯，如火鍋冷凍食品、冰品、冷氣機等，消費者的需求也有淡旺之分，因此廣告的可作性也因季節而作策略上調整。

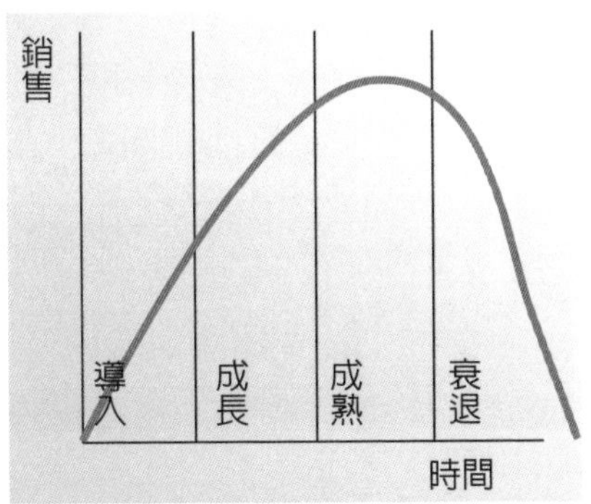

圖7-4　產品生命週期

圖7-3　MTV音樂頻道「音樂與我同在MTV無可取代」

（圖片提供：時報廣告獎執行委員會）

表7-4　產品生命週期特性和策略

		導入期	成長期	成熟期	衰退期
特性	銷售額	低	快速成長	最高點	下降
	成本	高	普通	低	低
	利潤	極低或零	上升	開始下降	低或零
	競爭者	少	漸多	最多	漸少
	消費者	創新者	早期使用者	晚期使用者	落後者
行銷廣告	行銷目標	告知大衆 鼓勵試用	滲透市場 取得占有率	保持市場 占有率	減少支出 榨取剩餘價值
	廣告目標	引起注意 產品認知	造成興趣 建立習慣	品牌認知 重複購買	穩固忠誠度 準備新循環
	產品	基本品	改良品	差異性	淘汰弱勢品
策略	價格	高	較低	最低	低
	配銷	選擇性	密集性	高密集	篩選不利通路
	促銷	吸引試用	減少	增加	最少

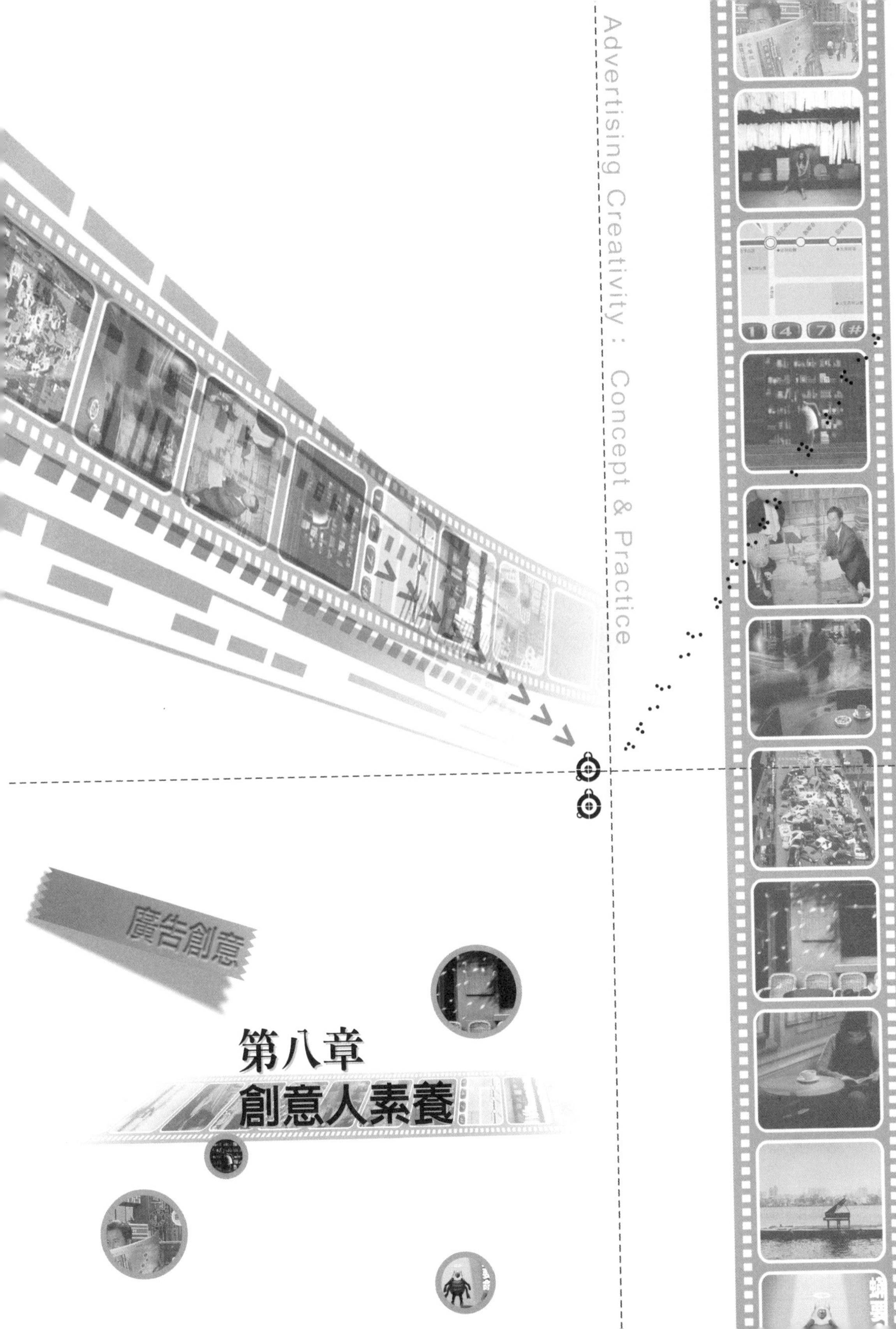

第八章
創意人素養

廣告是四百公尺接力賽，不是四千公尺馬拉松！

廣告公司面對客戶，唯一能販賣的產品就是「專業」。所謂「專業」，就是每個工作人員在自己特定的工作範圍中，將事務負責做到「完美」——AE負責「完美的行銷策略計畫」；創意人員負責「完美的big idea」；製片、攝影、導演等人員負責「完美執行演出」；媒體人員則是「完美的媒體企劃保證播出」；製管人員（traffic）則須「完美的掌控每一個時間流程」，這些「完美」的銜接與組合呈現在客戶面前就叫做「專業」。就像一組四百公尺接力賽，每個人必須確實跑完自己的路程再順序交棒，無論是其中有人多跑了五十公尺（AE爲客戶多一點服務，或是資深創意幫製作人員多想一個鏡頭等），重要的是不能有人耍賴不跑或是掉棒無從接起，於是四百公尺接力就跑成了四千公尺馬拉松。

創意人心中一畝田

廣告是個辛苦的行業，動員心理、藝術、文學、傳播和商業的菁英分子共同創造的一個辛苦人生。就如Frederic Beigbeder以廣告過來人的身分描述一段傳神的廣告生態：「導演藐視廣告公司、廣告公司藐視廣告主、廣告主藐視消費大眾、消費大眾藐視他的鄰居」。

而廣告文案人員最常作的懺悔告白即是：爲了創造需求，我必須挑起忌妒、痛苦、欲求和不滿；這些都是我的彈藥，而我的靶子，就是消費者。

一、專業執著的衝突

廣告是否是一項專業（profession）？目前仍舊是見仁見智的界定，在國內並沒有一套專業化的作業機制，如鑑定或發照，因此任何人都可以從事廣告業，但是爲求專業分工、建立外界對於廣告專業的尊重，從業人員應該要具備「有所作」的要求。許多代理商因爲時間的壓力或人手不足，並未充分地瞭解客戶的商品，便匆匆進入廣告表現，甚至憑空製造產品利益，事實上是有失專業堅持的作法。雖然廣告主和廣告公司的關係近年來愈來愈不穩定，廣告客戶三不五時轉換代理權時有所聞，但是從服務的角度，廣告代理仍舊應該投資足夠的時間與精力，深入瞭解所代理的商品，避免膚淺的廣告。

另一方面，每一家公司應該自行訂定代理產品的標準，對於產品本質不良的應予以拒絕，對於產品屬性不清的應予以深究。在國外，一些知名的廣告代理公司便有一套公司內部的作業標準（code of ethics），某一些產品如果被管理者認定爲不適合作廣告，則會加以拒絕。但是國內廣告公司似乎是來者不拒，對產品的選擇，除了廣告量大小之外，鮮少篩選。

在從事創意服務時，便應該堅持不抄襲、不剽竊的原則。雖然創意的主觀面很難避免，不同公司的創意人員對類似的產品有時會產生相同的創意內容，但是專業性的堅持應該讓廣告創意人儘量釐清以往的創意表現。雖然在廣告的法規上無法清楚地界定抄襲，而有時巧妙地運用借代效應（replace effect）是可以發揮成絕佳的創意點，但是蓄意剽竊創意則會喪失廣告從業人員的專業地位。

當然，很多時候一般大眾並不知道某些創意乃是剽竊於國外得獎廣告，甚至在國內比稿時，偶爾會聽聞中選的公司「參考」未中選公司的創意之事件，即便業界不願因此而反目成仇，但是有損廣告公司的商譽，所有的專業應該建立在一個尊重之上，像這樣的非良性循環，不是建立廣告專業的正途。

二、創意的天秤

「借錢是一種高尚的行爲」、「我敢發誓，屈臣氏的日用品保證最便宜」等，最近這種以直接近乎「呼籲」或「提案」的廣告文案引起極大的爭議，媒體不厭其煩地爭相報導，透過此操弄一再成爲話題，不但讓大眾銀行和屈臣氏的知名度迅速上升，也加速廣告造勢策略和加乘的廣告效益；另一種間接「隱喻」或「形象鋪陳」形式的廣告表現，如龍巖集團在清明節時段某報「副刊」以徵文的形式，讓讀者抒發「每逢佳節倍思親」；統一企業爲推廣日式風格速食麵，在陽明山花季時節以「櫻花、日本拉麵道」等情境讓消費者免費試吃和體驗行銷一番，此企圖營造「事件」吸引媒體和消費者注意，藉由新聞式訊息包裝後在「社會版」露出，兩者以長期「博感情」的方式與閱聽眾建構關係行銷和企業形象。這些以媒體—企業—消費者創造三贏且螺旋循環的廣告效果，正廣泛被引用—廣告主以最節省的廣告預算達成最大的訊息溝通目標，有別於以往的「廣告篇幅」一擲千金仍打不到靶心，也顛覆了廣告主「我知道一半的廣告浪費了，但我不知道是哪一半」（I know half of my money is wasted, but I do not know which half）的迷思。其中構思創意之奧妙，頗令人玩味。

奧美廣告的創辦人大衛奧格威，相信一個創意的概念必須是有趣的或甚至是刺激有衝擊力（impact）的，以至於吸引注意或是增加記憶度。有效的廣告必須具有三種無遠弗屆的力量——「引人注意」（stopping power），「使人感到興趣」（holding power），和「讓人記憶」（sticking power），才會是具有「銷售力的」（salability）創意，而非「藝術性」的創意。這是創意或行銷企劃人員在進行創意思考時，總不免經歷的一場創意天秤秤秤看的遊戲：首先是「商業和藝術」的比重，再者是「商業利益和心中的一畝良知田」的超級比一比，當然，我們的經驗得知身爲一個創意人，尤其是廣告創意——天秤的左邊永遠會被有意無意的下壓，因爲廣告是商業行爲、透過大眾媒體的廣告就具有「天賦的教育和訊息傳遞」功能，所以即便是在西方文化中早已司空見慣的「借貸人生」和不須發誓「天天便宜」的商店林立，創意背後的文化、價値和信仰仍箝制創意人和閱聽眾。

然而，閱聽眾也不輕鬆，當樂透彩的誘惑由實質金錢訴求轉向公益的大帽子時，你會對下述的這段文字大有感動……，「凡中華民國之公民，皆享有公益彩券盈餘之受益權，美好生活，從生命的第一天就已開始。公益彩券的所有盈餘，將全部用在慈善事業、社會福利、全民健保與國民年金。有您的參與，人人都是受益人……」，此時，創意的天秤在閱聽眾手上搖身一變爲「公益天秤」，兩邊自然取得平衡，毫無意外的閱聽眾成爲消費者；而大眾銀行的「借錢要還得起才算是高尚的行爲」的事後諸葛，閱聽眾又架起了「合理化天秤」，於是乎不僅止於青少年甚或心智成熟的成年人，無不正義凜然地成爲消費者；屈臣氏「我敢保證」的強力放送，閱聽眾群起「那些被騙的人只是少數的個案」自動「認知平衡天秤」轉向，消費者繼續消費。其中弔詭的是，廣告是透過大眾媒體傳遞訊息，爲廣告主創造有利的情勢，誘使廣告閱聽眾採取行動，這是一種集體「洗腦」文化的觀念行銷，只要「流行時髦」、「大家都如此（聚眾）」時，就會變成全民運動的價值觀，而廣告策略在思考所設計訊息傳遞的分眾或是區隔的目標對象，似乎在執行後界線模糊了……而閱聽眾累積的家庭教育、學校教育、中國固有文化、傳統價值觀或是現今積極倡議的媒體識讀教育，都必須與現實社會環境形成天秤的兩端，再秤一秤……

廣告創意很難界定優劣，也很難教，通常廣告創意的大學教育中可以在課堂上條列許多方法論，或以老師累積過往在廣告公司的工作經驗，以在工作場域中的實踐講述，也一再反覆重申「領域知識是作爲創意的基礎」這個觀念，因爲引導學生發掘領域知識（廣告相關的專業知識——倫理法規、社會科學、文化人類學等）與廣告創意的關係，是重要的課題。但，卻有一個經驗是無法分享的：當初踏入這個圈子，想像自己可以有一分產品事實說一分廣告語言，廣告就是廣告，決不踰越，甚至也時時謹記學校教育的倫理規範，自己曾在「傷人」與「傷己」的掙扎中來去。

「倫理」與「創意」孰重？孰輕？所有的人也還在學！只能謹記李奧貝納的創意格言：「伸手摘星，就算摘不到，也不會落的滿手污泥」（When you reach for the stars you may not quite get one, but you won't come up with a handful of mud either）。

創意的迷思

迷思一：獨具創意的點子通常來自少數獨特的人

並非所有的組織中都有「點子王」，但總會有一些特別有創意的個人，而他們對組織的潛在貢獻，絕不容忽視。對這些人而言，他們的氣質與生活情境的組合，使他們得以透過特殊的濾鏡看世界。他們能發想別人做不到的聯想，察覺別人無法察覺的機會，將問題拆解來看，就像一位四歲的小孩，或是在北極探勘的人員一樣好奇。對他們而言，「創意」是一種生活方式。

創意究竟是天生，或是後天養成？難道我們必須仰賴這些個性及教養方式異於常人的個人，才能以不同的角度看世界？還是在組織中培養出眾人的創意？有創意的團隊與一群有創意的人是兩件事。廣告絕對是一群團隊（team work）工作的結果。

迷思二：創意是孤獨的過程

大多數有關創意的研究和論述都將焦點放在個人，誠如白蘭氏雞精的廣告中頭上出現燈泡表示靈光乍現，也暗示創見通常來自個人。但是日常生活中創意皆是由一組人產生的，例如研發部門（R&D）即是一例，廣告公司的團隊創意腦力激盪的過程也是如此。

迷思三：智商與創意孰重要

許多企業領導人相信應該延攬較聰明（以智商選才）的人，

有創意的人可遇不可求。但是智商和創意到底攸關與否？而孰重孰輕？値得思考。聰明的人不一定有創意，有創意的人智商不一定是最高的。

迷思四：創意無法管理

創意常被視爲藝術，一種無法得知且爲每個專案安排的過程，所以是一種「偶發」的過程。所以有人認爲如果管理創意就會澆熄創意或扼殺創意，但是在廣告創意團隊思考中，管理者可以爲創意過程形塑、設計團隊組合、改善外在環境、提供讓創意發想更順遂的工具或技巧等，這些管理的方法非但不會抹殺創意，更能引導新手進入或讓垂死的創意敗部復活。

迷思五：創意僅限於與藝術或廣告相關的行業

「創意與獲利」是在美國矽谷高科技公司和洛杉磯名人聚會場合中最常被提及的話題。任何行業都需要創意，創意的通則可以在任何地方蓬勃發展，生技藥品公司、學校、金融業甚或市政府都需要創意的展現。

迷思六：創意一蹴可幾

創意過程所產生的創新概念是漸次、激進或是累積的，無論是一點小小CI視覺顏色上的改變，或是整個企業識別系統（CIS）的改變，都是持續的過程中累積小點子漸進而成的大創意。

創意的共犯結構

廣告是什麼？曾有一位廣告人如是說：「廣告，是一種生活形式；也是將商品和使用者以最短的距離相結合的工具。」於是乎，傳統的台灣母親對子女的關懷透過「太太你要去哪裏？」、「我要來去買三支雨傘標給我兒子喝」傳遞；但現代的媽媽可以在女兒的祝福下擁有第二春「Your new life, New York Life（紐約人壽）」。代表台灣高階白領成功男性是由「台灣大哥大」形塑；而窮爸爸給兒子富有的希望寄託在「樂透彩」。對減肥無望的女性應該像董玉婷和包翠瑛一樣去「媚登峰」（瘦身）、而要身材更姣好的美女的則去「最佳女主角」（塑身）。有趣的現象是：在三十秒或六十秒的廣告訊息中，消費者會自行對號入座，因爲透過產品的定位，也讓消費者對自己意識或潛意識的角色進行一次再確認的動作罷了！

行銷傳播策略中的STP模式（區隔市場segmentation, 目標對象target audience, 定位positioning）先將市場消費者切割成不同區塊，如男性、女性等，再鎖定產品訊息所欲傳達的對象，如成功的爸爸、想塑身的妙齡女子等，並將產品的特性和這群目標對象相互聯結而形成定位，經過廣告表現的機制——無論是藉由廣告中最喜歡使用的3B，嬰兒（baby）、美女（beauty）和寵物（beast），都是以最快速和最簡單（simple-minded）的方式與閱聽眾或消費者接觸，因爲廣告只有三十秒……

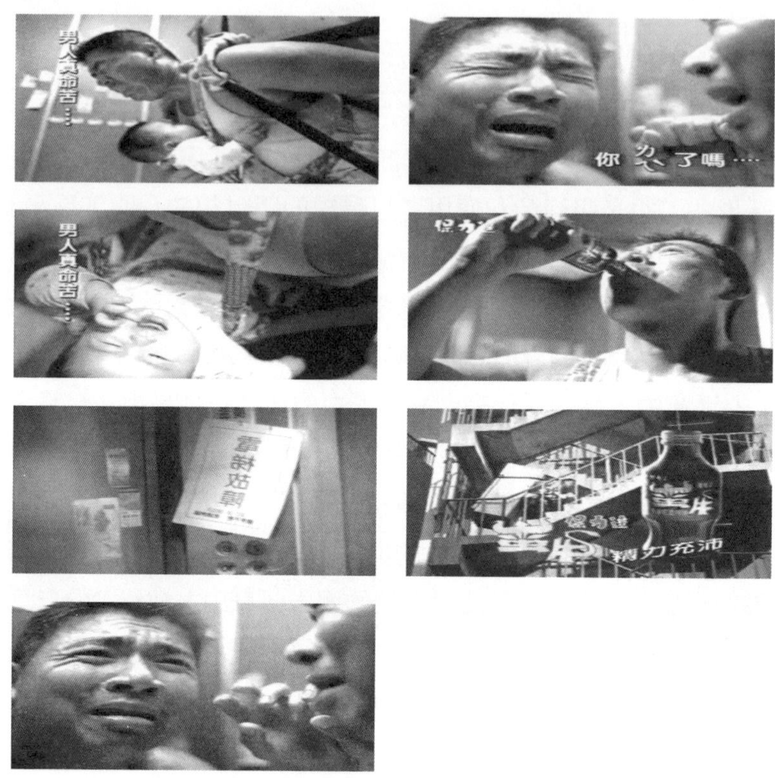

圖8-1　保力達蠻牛——電梯篇

在三十秒或六十秒的廣告訊息中，消費者會自行對號入座，因為透過產品的定位也讓消費者對自己意識或潛意識的角色進行一次再確認，從「男人一樣有眼淚」的創意出發，看男人在命苦的生活困境中，如何突破、如何忍辱負重，將家庭關係中甜蜜卻又沉重的負荷一肩扛起。

（圖片提供：時報廣告獎執行委員會）

一、「觀點在我，解讀在你」的共犯結構模式

廣告的力量無遠弗屆，當電視廣告的slogan或是旁白成為觀眾生活的招呼語或是茶餘飯後的話題，尤其是拇指世代（年輕族群）社交群聚時交換和傳遞訊息情報，slogan就變成重要的來源時，其傳播力量不容小覷。澎澎香浴乳的廣告因尺度過於火辣而遭禁播，但卻因「話題」效果引起電腦族大興手指運動「吃好道相報」，勤於轉寄而使其「流竄」於網路，儼然成就廣告主免費大打「病毒式行銷」的網路廣告。不容否認的是，廣告人通常刻意在廣告中出現隱喻或明示性的情色現象，而廣告主（企業主）也默許此舉在商業包裝下刻意忽略其所帶來的影響性，將情色的界線模糊化，只在乎呈現出高度娛樂化的效果。當此操弄蔚為話題時，兩造暗自竊喜此「造勢策略」，卻又形同無辜的以「觀點在我、解讀在你」、「這是消費者詮釋的意義」合理化之。

然而，社會上經常也出現一些「解讀領袖」去造就廣告人或廣告主此一行徑。

曾經，7-Eleven推出熱狗大亨堡和紅燒雞叉燒包兩支20秒新產品告知廣告，引起文化和符號學者撻閥式的討論，並以女性的「陽具中心」和「閹割恐懼」論述之。前者畫面中以長型麵包和香腸在空中翻轉而後結合表演，旁白搭配浪漫音樂娓娓道來「她來自法國、他來自中國，相遇在7-Eleven……」；後者則是場景在7-Eleven店頭，一妙齡女子身著紅衣短裙正準備將熱騰騰的紅燒雞叉燒包放入口中，鏡頭先拉近對焦在女子的唇邊，再轉至旁白的兩名男子，竊竊地道出「火辣辣、香豔欲滴……忍不住雞情流露……又一個燒貨到……」。弔詭的是，不管是澎澎或是7-Eleven的廣告主和廣告代理商有意或是無意地引燃情色話題，身

爲觀眾和消費者的我們卻常常自告奮勇地以「自我意識」去操作解碼的動作，而自許爲學者的我們也常常揭竿起義地以「理論專家」去加值象徵的意義，廣告影片是原罪，但我們觀眾卻是傳遞或加大訊息渲染力的共犯。

二、批判性的觀衆免於廣告操弄

John Nasbitt大力鼓吹推動「創造批判性觀眾」來識讀媒體，希望家庭教育由父母而不再是依賴電子褓母著手，因爲高科技趨勢下市場行爲的偏頗與失序，是導致今日媒體暴力充斥的主因，他認爲只有透過媒體知識，觀眾才會成爲明智的媒體消費者，從主動的角度去思辨媒體內容、質疑動機和批判意義。同樣的，唯由此具有智慧和批判性觀眾的出線，才能解構廣告所欲建構出「意指」（符號所指涉的心理概念）和「意符」（符號的形象，包括聲音、影像等由感官來感知）的符號意義，也能在eye-catch之餘，免於廣告的操弄。

創意的倫理與規範

一、 社會責任

廣告在創意內容部分發揮的可能空間非常大，傳遞同樣的訊息有各種不同的切入面。廣告人既然掌握了龐大的媒體資源，就應該分外小心，同樣的訊息應朝正面的創意發想，具爭議性的、違反社會善良風俗的主張，不愉悅的畫面、音效等等，在有其他更好的取代方案時，更應該多加思考。

廣告訊息的身分應該要公諸於世，不可變裝在社論、公關稿、新聞、節目之下，以變相的訊息試圖隱藏廣告的本質，這也是不負社會責任的作法。因爲如此一來，消費者會用不同的資訊處理方式看待這些廣告，除了矇騙消費者之外，對於規規矩矩的競爭者而言，也是一種不公平競爭的形式。常常在許多大眾媒體之下看到這樣的狀況，都是遊走於法規與專業倫理之間的行徑，不是一個將廣告眞正視爲專業的廣告公司或廣告人會採用的取巧作法。

二、競爭倫理

國內的廣告業不同於全球的廣告整體發展，是非常快速而壓縮的。廣告公司自從一九九七年外商進入之後，競爭突然變得十分激烈，許多廣告代理在爭取廣告客戶時，不惜以削價競爭的方式來招攬業務量。但是如同任何一種服務業，服務的品質才應該是一個公司眞正的競爭利基，業者本身以降低代理佣金來爭取廣告主，最後一方面破壞業界的行情，二方面廣告公司勢必要從其他名目去彌補這樣的損失，當然就無法建立公開且合理的收費制度。

雖然4A曾一度呼籲會員堅守固定的媒體代理佣金，但舉目望去，能夠落實的代理商屈指可數。而以削價競爭的方式來招攬客戶，最後只會削弱廣告主和廣告代理商之間的合作關係，而增加代理的轉換率，事實上對廣告業而言，並沒有任何好處。

另外一個業界競爭的現象便是人才競爭。因爲業界的需求以及高度的人事流轉，廣告業普遍對廣告教育的培訓和投資與趣缺缺，最快的方式便是進行同業挖角。我們可以從兩方面來評論這種現實：當一個廣告從業人員達到工作瓶頸，需要在職場上有所突破而離職他就時，固然無可厚非，是任何職場都會發生的正常現象；但是若只是爲了快速應付眼前客戶的需要，或是爲了傷害同業而高薪惡意挖角，雖是損人利己，但絕非健康的競爭手法。

從個人角度而言，離職、轉業應該有正面的考量，如果只是以離職作爲薪資與職銜的跳板，事實上也不是一個被尊重的專業行徑。尤其挾客戶以增進自己在新公司的地位，更不是在業界被尊重的行爲。一個跳槽到競爭公司的人員不應從原有公司將客戶的資料或工作夥伴一併帶入新公司。國內廣告界的離職現象早已超越正常的離職率，純粹是跳槽現象。像這些急功近利的作法，事實上並非國際上的常態。

以上所提到的雖然並不一定是廣告專業與否的區分標準，但正如同其他行業一樣，可能上述行爲都不是將自己的職業當作永續經營的正面態度。廣告從業倫理當然不是絕對的分際，很多時候只是尺寸的拿捏。

三、規範

當廣告媒體與日俱增，對於廣告的批判也隨之激增。貶抑廣告者認爲廣告降低了語言辭令，使我們太唯物主義，而且不道德地操縱人們。此外，他們認爲廣告是極端不入流且具攻擊性的，它經常是詐欺虛僞的、不切實際的陳腔濫調。

廣告的支持者承認廣告曾經被誤用，有時候仍會被濫用，但無論如何，他們認爲加諸於廣告學上的咒罵、抨擊常是不公平而且是過火的。此外，攻擊廣告的批評家認爲，可以利用基本的廣告技法來銷售他們的書籍，更進一步銷售他們的創意觀點。

一般而言，雖然說專業倫理可經由工作經驗的累積而獲得，但對社會新鮮人來說，往往錯誤嘗試的代價太大，應該要在就業之前就培養好對專業規範的認識，以免因不瞭解而做出落人口實之行徑（劉美琪，2000）。

對廣告評論的結果之一，是限制廣告的使用，乃當前法令規章中最主要的部分。規則的訂定包括許多方面，例如廣告主自訂規則、廣告業者和廣告媒體的規則、地域性的規則、工業協會及商業團體的自制規則，以及保護消費者組織的規則等。

嚴密的廣告管制，是由法律規章來強制執行。以美國而言，法律的實施可能來自聯邦貿易委員會（Federal Trade Commission）、聯邦傳播委員會（Federal Communications Commission）、食品藥物管理（Food and Drug Administration）、證券交易委員會（Securities and Exchange Commission），和一大堆其他的繁文褥節。聯邦貿易委員會（FTC）曾被強烈批評，以致國會在一九八〇年限制了它的司法權。無論如何，最近數十年間消費者團體活動的成長，幾乎持續施予廣告主以壓力，進而限制廣告主的作爲。

商標、商號、勞務標誌（service marks）、象徵人物（trade characters）、檢定標誌（certification marks）及集體標誌（collective marks），可經由專利商標局保護其權利。此外，廣告亦受到著作權協會的保護。

在美國，自制規則中最有力的主體是國家廣告評核會（National Advertising Review Council），是由美國經營改善協會（Council of Better Business Bureaus）組成，同時與美國廣告代理商協會（American Association of Advertising Agencies, 4A）、美國廣告聯盟（American Advertising Federation）及國家廣告主協會（Association of National Advertisers）等相關。透過最主要的調查主體——國家廣告部門（National Advertising Division），接受消費者或品牌競爭者的抱怨申訴，另外當地的美國經營改善協會（Better Business Bureaus, 3B）也受理矯正廣告的方法及建議。如廣告主拒絕矯正，那就歸因於會議的訴請主體——國家廣告評核會如何裁決，它或許會擁護、修正或推翻國家廣告部門（NAD）的判定，也可能直接由廣告主變更或撤回正在討論中的廣告問題。

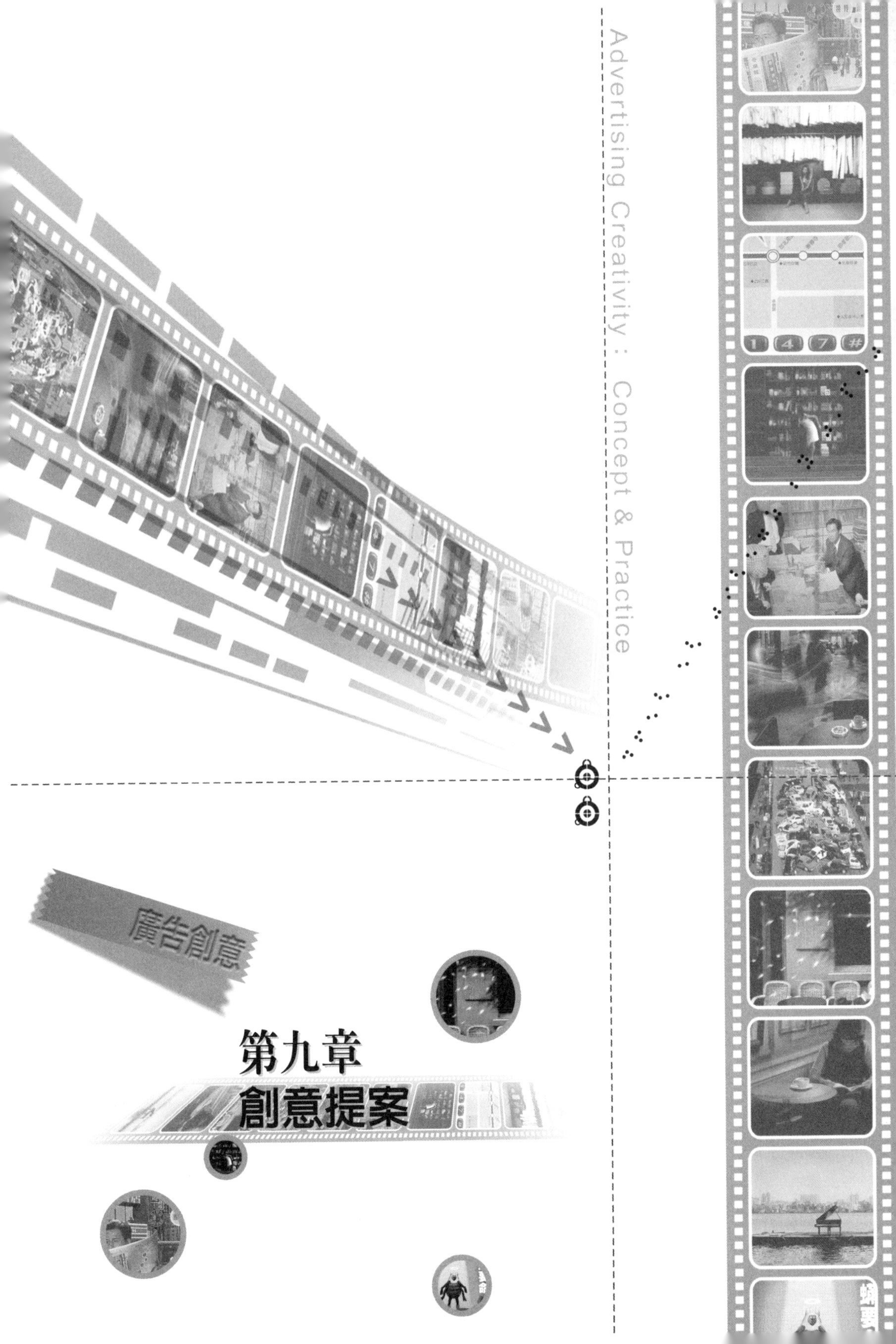

第九章 創意提案

Bruce Bendinger曾說：「推銷創意方式的好壞，與創意本身的好壞一樣重要。」好的創意必須靠好的提案技巧賣出，對客戶而言，認可一個大創意並判斷其效益，幾乎和構思一個大創意一樣困難。當廣告公司（或企業內部的行銷企劃部門）提出構想時，客戶的角色會突然轉變成法官（如第一章所言）但卻未經歷其他角色的經驗（探險家、藝術家和戰士）。因此，增強提案陳述的能力是絕對必要的，提案技巧包含五種思考的面向：

1.嚴謹的策略：推銷創意必須按部就班的進行，提案小組必須提出相當的證明表達創意的確精采，所以在提案陳述創意前，必須對策略進行嚴格的討論。

2.與客戶共鳴：與廣告創意一樣，提案陳述也應該以收訊者爲重，創意必須符合客戶的需求。

3.精采的表達：陳述前必須有充分的準備與演練，應該以精彩的視覺圖像表現或是發人深省的故事爲感性訴求，精采的表達會讓人有立即執行廣告創意的衝動。

4.縝密的說服：客戶的市場性思考通常十分縝密，因此提案表達時應該做到條理清楚而具有邏輯，首重開始，開始是整個提案過程決勝的基礎，也爲整個提案定調。

5.問題解決者：創意人員與行銷企劃人員一樣，都是問題解決者，針對客戶提出的問題—無論反覆或是艱澀、無論是對消費者或是企業主，循循善誘、不厭其煩的爲客戶解答，都是賣創意的好方法。

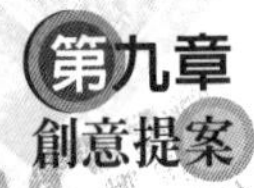

提案的本質

一、五動與五多的訓練

提案（presentation）是廣告公司向客戶作有關廣告活動、企劃或是結果的報告。通常具有兩種特性，其一被視爲一種傳播過程，即溝通的過程。符合口語傳播中所謂的「五動律」：

1.動腦：提案之前先想下列問題，說什麼（what）、如何說（how）、爲什麼說（why）、該用什麼修辭技巧和聽眾可能有什麼反應（which）。

2.動口：注意聲音的清晰度和音調的抑揚頓挫、輕重緩急。

3.動手：手勢靈活自然，運用各種輔助器材。

4.動容：眼神、表情、儀容、與聽眾的互動，和講話內容的契合度。

5.動心：誠摯和熱情注入話語中才能真正感人。

其二則認爲提案是一種行動的過程，從事前的準備（preparation）、提案（presentation）、決策到行動（action），都是行動力的表現，所以準備工作是平日的養成教育，口語訓練中的「五多法」可以強化提案的內涵。

1.多讀書：專業知識與一般常識愈豐富，談話的內容愈能旁徵博引，題材也愈寬廣。

2.多思考：養成獨立思考和判斷的習慣，發揮高度創意，避免人云亦云。

3.多歷練：人生歷練多寡與個人器識大小、眼界高低，進而與思想言語深淺之間關係密切。

4.多觀摩：觀察他人說話的表現和經驗，取人之長。

5.多演練：才能逐漸使才思敏捷、語言生動，排除表達上的瑕疵。

二、提案（presentation）、演說（speech）與討論（discussion）

一般而言，無論是提案、演說或是參與討論，有一些共同的屬性，例如皆是有計畫、有組織和系統的將有形產品或是無形觀念，在限制的時間範圍內，呈現在大眾或分眾面前，並適時地以輔助工具幫助說明。因此，三者在規劃過程和技巧（planning & organizing skill）上有共通之處，包括：

1.發展清楚的主題、釐清目的

2.蒐集相關資料、想法、材料以支持主題

3.安排相關資料、想法、材料以呈現、增加說服力

4.選擇視覺聽覺等輔助器材

5.分析、瞭解閱聽眾

但是，三者之間仍有一些差異（**表9-1**），如提案的目的是促使聽眾立即決策，而演說則是觀念的長期傳輸，討論則著重於不斷的互動，腦力激盪所產生的功效。

三、如何向廣告公司做簡報（briefing）

廣告主對廣告公司做簡報是它應盡的責任，這項工作成敗與

表9-1 提案、演說、討論的比較

	提案（Presentation）	演說（Speech）	討論（Discussion）
進行方式	正式，由提案者（presenter）先單向進行，再互動討論	正式，由主講人（speaker）單向式進行	非正式、互動式的討論或對話
位置	可以是在聽衆前方或是焦點中心皆可	講台上，麥克風前	圍或圈聚在一起，馬蹄型、面對面
對象	有目標的聽衆，如客戶或欲說服的對象	聽衆成千上百	小群聽衆
內容設計與準備	為聽衆量身訂作的，角色區分清楚	有腳本的	無提案者或聽衆角色之分
目的	目的是將想法或努力的結果呈現，並說服聽衆做決定、鼓勵做成行動	目的是娛樂、激勵、促銷、提倡信念或公關，常常帶說服，但與否無法立即得知	目的是討論主題中心圍繞，解釋、分享、蒐集不同的觀點
舉例	智威湯遜廣告公司向萬泰銀行提出「Gorge & Mary」現金卡的年度企劃案	如新公司直銷會員大會	統一企業飲料部推出「茶裏王」新品，尋求行銷部門和超商部門的意見交換（組織內部水平或是垂直的討論）

否，直接影響廣告策略及作品的形成。但有些廣告主卻認爲，廣告公司爲廣告主做廣告，理應他自己去蒐集資料，原因是：測試廣告公司的能力，看看這家廣告公司是否具備這種能力，有無資格成爲我的長期夥伴。這種觀念實有再檢討之必要，因爲充分的資料使廣告公司對企業更加瞭解，尤其一些機密資料，絕非外人所能蒐集到的，以下是對廣告主一些建議：

1.以充分的資料，協助廣告公司的調查、產品、市場等資料。

2.確定正確的參加企劃人員，AE、AE的主管、主要的創造人員。

3.讓作業人員親臨工廠或研究發展單位觀摩，深入你的產品，使雙方有關人員生活在一起。

4.熱忱，你的熱忱是廣告工作的動力，推心置腹，互信互重。

5.由公司開始說明，歷史、成長、組織、公司文化、公司理念。

6.仔細解釋產品，成分、特點、尺寸、形狀、包裝、口味、消費者認為首要的利益點、其購買動機是感性或理性。

7.探究消費者對產品的問題，根據調查資料，消費者對產品有何議論，感覺如何。

8.品牌的歷史，何時發售？過去之行銷策略、廣告策略結果如何？市場占有率之變化如何？價格之變化及反應如何？促銷及廣告活動之反應如何？

9.市場全盤狀況，市場量（數量、金額）、一般趨勢（成長率及其他）、季節性、區域性、通路狀況等。

10.競爭分析，各品牌之占有率、趨勢、產品之差異、促銷、價格、包裝，何者品牌威脅最大？優勢品牌成功的原因為何？廣告策略成功的主因何在？

11.分析你的消費者，誰在使用或可能使用？誰在影響購買？誰在購買？重複使用者是否占有主要的購買量？

12.產品的通路系統，直銷與經銷商的比例如何？如何訓練業務代表？購買地點之特性如何？你的通路系統與競爭者之區別如何？

13.產品地位，使用起來怎樣？印象如何？有無改進計畫？

14.行銷目標及策略，銷售目標及獲利目標、商品化及促銷計畫，廣告在你的計畫中占何分量與角色？廣告預算是否具有競爭力。

15.讓廣告公司爲你的廣告作效果評估，事前測試、追蹤測試。

16.最後的建議，要求廣告公司爲你的公司建立簡報檔案，並不斷更新資料。每年最少做一次正式簡報。

提案技巧

一、認識提案

(一)提案的構成

1.界定提案的目的（原點）

爲什麼要提案？提案給誰？你希望他聽完提案後能做什麼？提案的結論能不能決定如何執行？提案不是光提出做什麼，往往怎麼做才是重點！因爲提案往往是爲了解決問題。

2.確定提案的架構（組成骨架）

提案必須有鮮明的議題，重點是邏輯清楚、段落分明、有組織的介紹提案內容，讓每個與會人所接獲的訊息產生一致性。

3.充實提案的內容（尋找血肉）

與議題不相干的訊息應捨棄，且內容必須依據客觀的事實而非主觀的陳述，清楚的點出數據背後的意義。

4.想通提案的論點（強化體質）

須設身處地的站在與會者的立場回頭思考提案中可能被提出的問題，把可能產生爭議的字眼、語氣、內容過濾一次，使提案的基礎更堅實。

(二)提案的風格

語言與非語言的表達方式，將形成自有的獨特提案風格：

1.語文
2.音調與音量
3.態度
4.眼神
5.肢體語言
6.自信心

(三)問題與解答（提案的活化性）

提案的目的在讓與會人專注的讓議題清楚的進入他們的腦中，有效的運用機制與幽默，會是提案中的潤滑劑。

(四)提案的工具

一般的投影機、單槍投影機、大字報、黑板、螢幕、錄放影機等，重點在用心，而非譁眾取寵。

二、提案技巧

芝加哥FCB公司的研究調查指導David Berger，發表了他對於提案技巧的意見：

1.最常見的錯誤就是將提案看成是爲你自己，而不是爲聽眾。說明你做了些什麼事，並不是他們所需要的。
2.在研究調查方面，它強調的是調查而非問題及解決的方式。
3.在媒體的方面，它代表的是計算GRP的多寡，而非表達廣告人將遭受多少困難。
4.在業務管理方面指的是表達你工作執行的實際狀況，而不是聽的人需要知道的事情。
5.在創意的方面，它代表的是說明你作業的過程，而非如何著手解決銷售問題。

另外，專家提出五十則幫助您提案成功的妙方：

1.利用投影片時，您必須關掉燈光。
2.每張投影片介紹一項重點。
3.拜託，每張投影片不要超過十二個字。
4.使投影片上的文字與你的創意一樣「大」。
5.投影片應是幫助他人瞭解你想法的工具，但投影片不是你的講稿。
6.不要讓每張投影片看起來差不多，給你的視聽眾一個意外。
7.投影片中不要有太多的統計數字。
8.如果你想要用圖畫來加強你的投影片，別假設你必須在所有你展示的東西都要加上標註或標題，投影片只是一種視覺媒體。

9.每張投影片一個注目焦點。

10.投影片上的廣告看起來愈大，反應愈好。

11.善用顏色的功能。

12.自己操作投影片。

13.在你說明完一張投影片後，不要將其留在螢幕上。

14.時常親自檢查自己的投影片。

15.提案前要確實預習每個動作。

16.逐字閱讀投影片上的每個字，不要改變投影片的內容。

17.燈光一亮，想辦法引起聽眾的談論。

18.一般而言，以設計投影片同樣的方式，也可製作好的卡片和圖表。

19.卡片的體積常較龐大，想辦法適當的處理它們。

20.好好安排你的照明設備，以使你的卡片能得到充足的光線。

21.不妨考慮使用「指示棒」。

22.如果你的記憶力不行，不妨用筆在卡片上寫些備忘錄。

23.卡片的優點在於可以將其放置在會議室的四週，然後按照順序隨時插入你所需的卡片，一些可提供提案效率的設備。

24.你可以蒐集一些靜態照片，按順序排好，用攝影機拍下，再錄上聲音。

25.使用一些有技巧的影片，加上悅耳的聲音，及特殊效果。

26.可以使用第二部投影機來說明需要對照的部分。

27.可以用相反的投影單位以讓你使用投影片在螢幕上，且可增加當你說話時所給人的投射印象。

28.你可用自己的同步原音來美化投影片提案。

29.大聲的唸出你的文案，這可使每個人同時注意你所講的話。

30.如何在高聲朗讀時使聽眾感到愉快的方法：最好的稿子就像是人在說話。

31.當需要說明一支非常長的文案時，最好不要讀到十到十二頁的手稿，那對誰來說都太難了。

32.最好的技巧：先唸一段前言說明你的基本訴求主張，接下去看標題及最重要的「支持理由」，最後說明你的文案如何「符合要求」，其餘的就是細節了。

33.如何說明一個廣告活動如何進行而不必做一大堆工作？只要作一張初型稿，並把所有完整的要素放置妥當。

34.如要說明兩個以上的廣告活動時，將這些廣告活動的名稱放在大型標示板上，佈置在明顯的位置。

35.保持自己平常講話的速度。

36.不要「等」別人因你的幽默而發笑。

37.不要因遇到難以應付、深奧的思想或問題，而使自己而停下來。

38.別把口袋的零錢弄得叮噹響。

39.在應付聽眾提出的問題時，你可以預先準備一些問題。

40.如果你不曉得問題的答案，不要猜，可能很慘。

41.瞭解你的聽眾，知道他們在會議中如何動作。

42.有點緊張是好事，能讓你有謹慎正經的態度。

43.事前在提案場地預先練習，這會使你實際在做提案時覺得舒服。

44.「振作你的精神」，在拜訪客戶前，給自己一些鼓勵的話。

簡報小撇步（Presentation Tips）	
1.	瞭解主題（know your subject）
2.	瞭解聽衆（know your audience）
3.	熟悉所使用的輔助器材（know the A/V equipment）
4.	瞭解時間限制（know the time constraints）
5.	開場抓住注意力（have a "hook" to start...get their attention）
6.	和受衆互動，眼神交流、提問（engage the audience: eye contact, questions, etc）
7.	簡明KISS (keep it simple & simple)
8.	備案（have a "plan B"; be prepared to adjust on the fly）
9.	準備技巧（power point tips） 六原則（use the "Rule of 6"） －以「六行」為一頁面單位（6 lines per slide） － 六個字為一行單位（6 words per line） －不超過六頁面或圖表（no more than 6 slides w/o a graphic） －少用動畫效果（use minimal animation and effects） －勿用聲效（no sound effects） －字體要大（use a big font）
10.	善用幽默（use humor, but be careful!）
11.	注意抑揚頓挫（use voice inflection）
12.	注意非語言表達：手勢（be aware of your gestures）
13.	注意何時使用圖表（know when to use charts）
14.	當詳盡說明時，先暫時讓電腦畫面黑掉，以免聽衆分心，恢復時按p4（"B.W" to shut down for a moment—P4enter）

45.面對別人的批評或刁難，最好的態度就是要有自信的修養。

46.不要發脾氣，這將導致什麼都賣不出去。

47.不要死背提案內容，這會使你在提案前開始緊張。

48.別讓提案成爲一場「生意秀」。

49.控制提案的時間。

50.將自己看作是個學生，從每個提案人員、發言人、新聞播報員身上學一點東西。

提案準備功課

一、提案內容的準備

(一)資料整理

1.是否蒐集過多資料？所有的資料全部使用？（不能放棄）不知如何取捨？
其實，蒐集資料只爲產生靈感，要有有能力刪除無用資料，保存精華。

2.確定主題。所有的資料都是重點就缺乏吸引力，應該是想說什麼？（別人出題，自己訂題），中心思想爲何？集中主題發揮（主旨）。一般人習慣內文完後，再標主題（回不到原點），脈絡依主題發揮，以便發展下去時不斷檢視，不致離題。可以樹狀法歸類、整理。

(二)思考過程、構思

頭腦的容量有限，準備資料時，依構思寫下紀錄過程中，整理資料思緒（雙手整理頭腦）。

(三)時間管理

Dead line設定，整理資料的時限，時間充裕不一定造就好結果（花太多時間而無法排演）。

(四)提案切入方式

事前練習重點整理組織、歸納，設身處地爲對方立場考慮，瞭解閱聽眾心態，明確自我表達，才能深入淺出，避免籠統的話語。以下方式可供參考：

1. 條列重點（以重點決定內容走向）
   組織法，引起閱聽眾興趣
2. 卡片分類法
   順序排列
3. 字首法
   將意念集中，再配合單字排列技巧，G.A.T.T.、YMCA
4. 反論、對比法
   蒐集相反資料，使內容更凸顯，競爭對手資料
5. 藉力使力法
   蒐集相關資料，閱讀文件、文章
   如何增加說服力，觀摩別人，所獲評價高低，找出優缺點，整理成自己的資料庫
6. 傳話法（精簡）

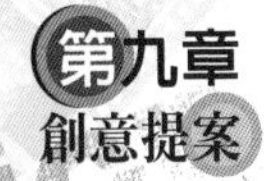

言簡意賅

TEL不斷重複無重點

二、提案輔助工具的準備

(一)口語提案內容與企劃案書面內容的結合

常人的說話速度爲一秒三到五字，因此準備十分鐘的提案約需一千八百到三千字的書面內容，可在事前準備時以草稿幫助自己整理提案架構，值得一提的是口語助詞可增加聽者注意力，平常非正式會話形式，平均口語助詞約三百個，也可特別注意。注意練習堅決肯定的語氣。

(二)準備「小抄」(提示名片卡)

有時提案或演說時因緊張忘詞，可準備名片大小的卡片隔行書寫，可放在掌心，隨時提醒自己。也可作爲提問時的重點紀錄，避免雜談後，找不到主題。切忌「小抄」無標記段落而苦尋，對時間控制或氣氛等造成影響。

(三)專業術語應該淺顯易懂

(四)模仿別人

(五)輔助工具

1.掛圖：

製作成本低，攜帶方便的工具，可藉黏貼相片、印刷物吸引聽眾注意。注意下列原則：

1.掛圖面積至少需如一張模造紙大，否則不易處理。
2.圖片須經設計才可加上。
3.強調的部分在畫面上易加深印象。
4.剪下日曆上的數字應用。
5.張貼時，避免使用膠水，以紙膠片以免皺。
6.不超過三十張，不易捲曲。
7.掛圖邊緣以透明膠帶片補強。
8.解說時應在左右各兩方，以免遮住。
9.捲曲無法拉直時，可用夾子拉住。

2.圖形製作方法：須準備下列工具：

1.方眼紙，易取規格。
2.厚透視紙，上有緯線數字，便於使用，使用前以硬橡皮擦在表面輕擦，可防止墨水。
3.描圖筆的使用步驟：以鉛筆在方眼紙上打稿→以厚的透視紙打稿→以描圖筆描圖→依情況所需貼上文字，記號標籤。

3.圖表會場的換算公式：

製作大小合宜的圖表
螢幕a
第一排距離b
最後一排距離c
b>2a螢幕與第一排的距離爲圖表寬的2倍以上
c<6a螢幕與最後一排的距離爲圖表寬的6倍以下
b=1.8　　1.8>2a
c=5　　0.9>a

5>6a

0.83<a　約85cm

因此，二十個人，1公尺圖表

4.表格

1.各欄寬間儘量寬大、勿密

2.橫向排列文字

3.各表六排十行以內

5.黑板

耳熟能詳的視覺工具，但使用不易。

1.原則：

a.橫向書寫，最好將黑板分割成約一公尺大小。

b.一邊寫字，一邊說明，易混亂。

c.黑板字體最好有十平方公分大。

d.擦掉時，徵詢觀眾的需要。

e.結束時，擦乾淨。

2.字體大小：中文字體距離九公分，字體五公分，一個拳頭十公分，英文字體則是中文的一點五倍。

6.幻燈片的使用方法

和一般照相機一樣，幻燈片也是使用膠片的簡易裝置，只要在顯像後剪下膠片，加上邊框。

1.文字：須預先統一字體大小，一張幻燈片可容納八行，每張約二十至三十字，文章求短。

2.圖片：線條二至三條，一幻燈片一張圖。

3.幻燈片整理：幻燈片標記編號，發表稿上登記配合幻燈片編號，幻燈片內容目次表，幻燈片上下左右方向以免位置錯誤。

7.個人電腦

可以統計處理程式做下述功能操作：平均值計算，標準偏差數值，相關係數程式，可製作圓形圖、帶狀圖、曲折線圖。

8.投影片OHP（overhead project）

運用於重疊圖片，複雜的圖表分成幾張，配合說明重疊上去，應用於不易一次瞭解的教材。使用時將未提及的部分掩蓋，使聽者眼光集中在必要的部分。

9.指示棒

可以利用集中聽者目光和心神。使用原則：

1.避免指示棒形成陰影，而影響圖片或螢幕上頁面。

2.可伸縮較細的指示棒，雖然攜帶方便，但使用於黑板或螢幕時，儘可能使用較細的指示棒較清楚。

3.如無指示棒，與其用手，不如以其他物品代替。

4.一面敲打黑板、畫面，一面指示說明，易產生不良印象。

5.避免在OHP上移動指示棒動作慢。

6.不可指著聽者。

7.圖釘、磁鐵也是指示棒。

10.麥克風

容易造成刺耳，使用原則：

1.音質清晰

a. 必須轉動頭部進行說明時，務必使麥克風配合頭部動作移動。

b. 裝有AVC（自動音量調節裝置）的麥克風，使用時也不應靠得太近。

c. 音量過大導致音質異常，應儘量以平常的音量發音。

d. 握持麥克風應夾緊腋下，就不會因晃盪音不準。

2.加強印象

a. 手持麥克風一邊動作，一邊講解，不易使聽者生厭。

b. 腹部發聲、呼吸。

c. 玩弄電線。

d. 不可敲打、吹氣。

提案的心理建設

一、提案恐懼症

提案前最令人難以克服的就是上台恐懼症， 愛默生曾說：「恐懼比世上其他事物更能擊敗一個人」，造成演說恐懼與緊張的原因：

(一)不習慣在群眾或陌生人面前說話

人們害怕在眾人面前演講，最主要理由就是因爲不習慣。對於缺乏在公開場合演說經驗的個人而言，這項行爲不屬於心理的「舒適區」（comfort zone）內。

(二)害怕產生自我否定及傷害自我形象

在講台上會感到恐懼緊張主要是因爲害怕自己表現不好，就是因爲害怕自己表現不夠好，而影響別人對自己的看法與評價。結果，對結果愈是在乎，則恐懼與害怕愈會加深。

(三)缺乏自信或負面的思考方式

大多數人在評斷自己的表現多依據過去的經驗，因此過去不良的經驗使得自己在台上的演說缺乏信心，是造成恐懼的另一個因素。除此之外，在上台前一直存著極端負面想法的話，也會造成緊張。

(四)不知如何講與不知道要講什麼

許多人害怕與陌生人講話是因爲不知道要講什麼，這是因爲平常缺乏準備話題以及訓練所造成的。

二、克服恐懼，戰勝自己

克服恐懼與緊張的方法：

(一)充分的準備與演練

1.把演說稿讀過幾次，並注意演說稿是否夠口語化。

2.大聲朗讀演說稿幾次。

3.站在鏡子前將演說稿表演兩次，觀察手勢、表情、儀容。

4.用V8錄下演說排練。

5.掌握機會在家人和朋友面前演練，尋求建議。

6.在腦中預想上台演說的過程，有助熟悉內容及心理建設。

(二)積極正向的想法、態度與自我對談

對緊張有心理準備，並且接受它。心理緊張表示你在乎，有時反而是助力。不要老往壞處想，在乎別人的評價常是緊張的原因，你可以在席間安排朋友或是尋找微笑聆聽的人，受到鼓勵的你會愈講愈順的。再者，跳出負面思考，無須苛求自己一百分，害怕出醜使許多人視在眾人面前說話爲畏途，臨床心理師哈彌頓博士認爲完美主義者有一百分情節，太在意說什麼及如何說，吹毛求疵的結果是讓自己罹患講台恐懼症。

(三)深呼吸與薩娜芙擠壓法

當人感到緊張或恐懼時，呼吸次數會減少，而這樣反而會更加感到恐懼與緊張，因此上台前的深呼吸有助於減緩你的緊張。演講訓練專家薩娜芙發明了一種對克服緊張或恐懼的有效方法，稱之爲「薩娜芙擠壓法」。她發現人們位於腹部肋骨下的肌肉是對於克服緊張非常重要的三角肌肉，當它收縮時對抑制緊張有神奇的功效。

這種吐氣方法之所以能有效克服緊張或恐懼，是由於收縮腹部肌肉可以防止體內腎上腺素的產生，而此種腎上腺素正是造成我們恐懼與緊張的化學激素。

(四)激勵自己

上台或開口說話前可以做一些激勵自己的活動，只要是能讓你感到較有活力，可幫助消除緊張與集中注意力都算是有效的激勵方法。

(五)表現出自信的樣子與肢體語言

曾經聽過加州有一種訓練課程，要求人們過火以幫助人們克服恐懼。這個訓練的主持者就是《激發心靈潛力》與《喚醒心中巨人》的作者安東尼‧羅賓（Anthony Robbins）。他使用神經語言學（NLP）的原則幫助人們克服恐懼與成功。而NLP最高指導原則就是發現你想成爲什麼樣的人，並且照著這樣的行爲方式去做。

(六)把注意力集中在聽眾與演說內容上

著名的男高音帕華洛帝每次上台前總是非常的緊張，於是爲了轉移他對恐懼的注意力，每次他上台時總是捲條手帕上台，如此一來他就不會把注意力放在恐懼與緊張上面，而可以全心投入表演之中，做最好的演唱。

三、提案者的精進作為：企業發言人的工作實務與角色扮演

近年來中大型企業愈來愈多，日趨開放的新聞媒體與日見抬頭的環保、消費意識，企業形象的塑造或維持，使得新聞發言人制度逐漸受重視。當提案工作日臻純熟，儼然可以跨大一步成爲企業發言人，其經常性的提案演練更是駕輕就熟。以下介紹一些工作實務與角色扮演：

(一)統一對外發布消息口徑

企業發言人的消極功能在統一對外發布消息口徑，但易流於「麥克風」層級的工具，然而積極的發言人必須以較專業的

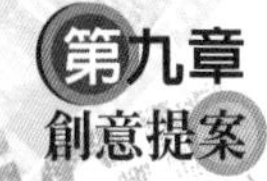

眼光去觀察社會的潮流與動向，尋找與企業有關的訊息，加以新聞化處理。就實務角度而言，企業發言人應具備有下列基本能力：

1.新聞稿的寫作

新聞稿的目的是為新聞事件取得主動詮釋的機會，應站在媒體記者報導事件的立場來寫，交代人、事、物，且新聞稿不宜太長。

2.從容大方的接受訪問

不必刻意討好媒體記者，發言時避免情緒化用詞及長篇大論。

3.簡報技巧

先說結論重點，並且針對不同媒體特性發表結論。

(二)注意角色扮演與態度

1.誠信的態度

勿嘗試欺騙媒體記者，寧可秉持事緩則圓的心，表示公司也盡全力在查證中，也不要蓄意欺騙。

2.不可過度膨脹自我

企業發言人由於長期與媒體接觸，有時會不自覺以為能「操縱」媒體，然而一旦產生這種心態有可能會危害到企業本身。

3.不要過度以專業自評

雖然發言人具專業素養，但仍須以委外辦理的方式，將較重要的個案委託專業公關顧問公司來參予整體形象塑造，以加入新氣象。

4.公私分明

發言人切勿以公司所賦予職權為自己謀私利，進而傷害公司形象。平時要與媒體記者建立良好關係，積極協助其完成作業，當危機出現時，較能有良好互動。

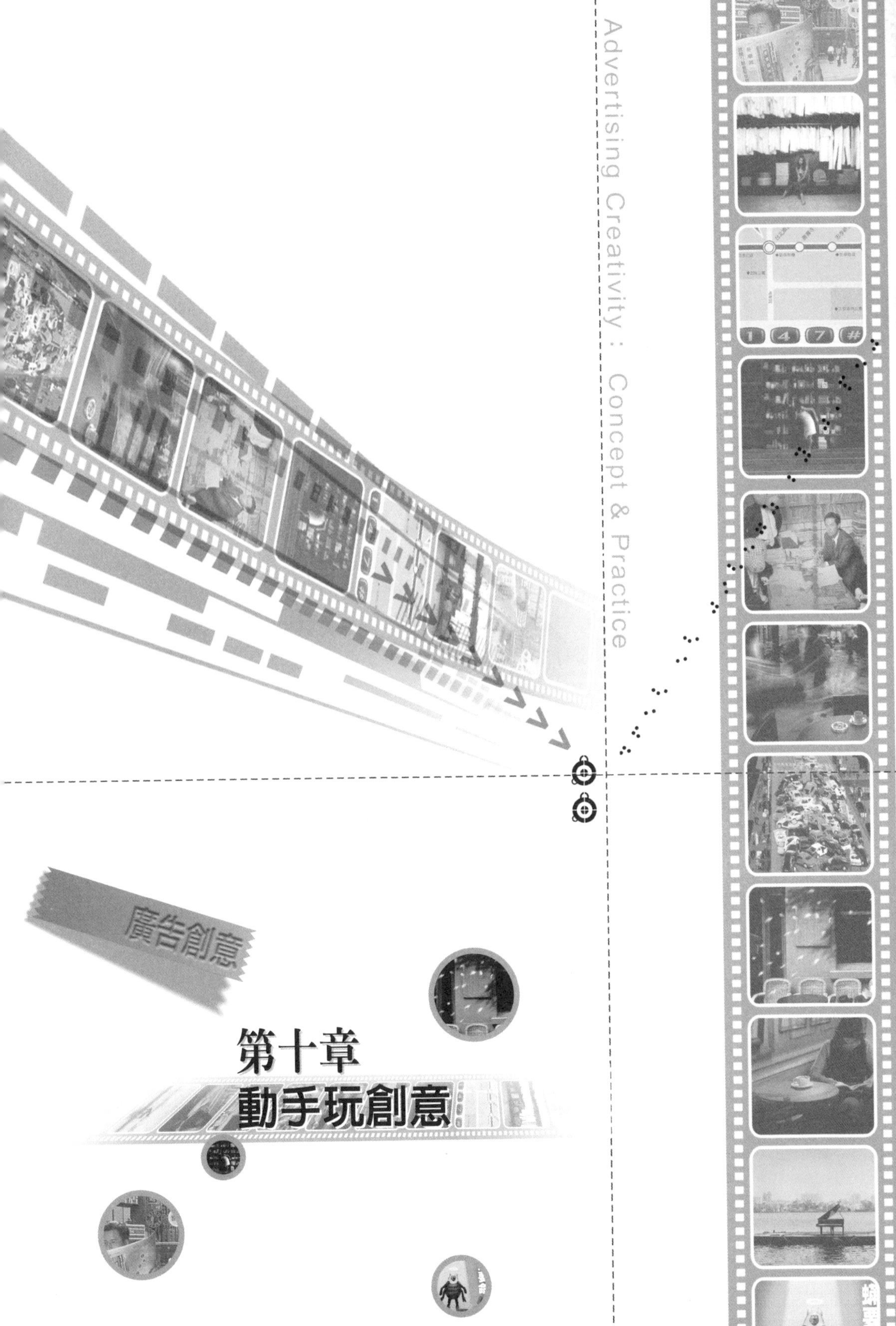

Advertising Creativity : Concept & Practice

廣告創意

第十章
動手玩創意

廣告無所不在，創意自在人心。

廣告創意並非一蹴可及，但也可以信手拈來，只要你養成時時思考、處處體驗的習慣，你也可以輕易的動手玩創意。

本章選取一些攸關行銷、廣告或是生活上的創意案例，提供大家多面向瞭解「生活即創意」、「創意即生活」的實證意涵。

小兵立大功

趨勢專家奈思比 (John Naisbitt) 在《括弧中的年代》（*Time of the parentheses*）一書中提出全球弔詭理論（Global Paradox）。理論如是說，當全球經濟環境愈大時，愈小的玩家就愈能擁有愈大的力量。國家、公司、個人，目前都在玩這種經濟遊戲，Nokia 誕生在小小的芬蘭、7-ELEVEN「用剪刀取代菜刀」的新速食概念席捲台灣等正符合此觀點。我們處在充滿許多可能性的括弧年代，括弧外面的一邊是舊年代，裏面卻是令人興奮的新世紀。在穩定的年代，一切都已經定下來，好像沒有什麼機會。現在的人有處在空中的感覺，有點迷失，卻又覺得處處是機會。

小兵一：商機就在你身邊

垃圾分類措施，讓丟垃圾成爲全民運動，每天的倒垃圾時間，變成市民在繁忙的都市生活中，唯一可以與鄰居見面、話家常的時刻，無形中拉近了彼此的距離，社區的感覺也回來了，「政府政策行銷」以「社區公關」（community PR）的概念不逕而走；便利商店中的紙杯、撲克牌算是一些不起眼的小商品，但春節期間萊爾富便利商店以POS系統數據顯示，這些非主流的商品驚爆高迴轉率，行銷人員便以此預測未來消費者需求進行「預期式行銷」（anticipative marketing）；口罩和軍用品原爲冷僻型商品（或非覓求型，unsoughted goods），但因行銷環境的改變（SARS大流行和美伊戰事趨緊），而產生供不應求「因應式行銷」（responsive marketing）的現象。

小兵二：羅生門—置入行銷—話題行銷—病毒行銷

禮坊喜餅與電視台「家有日本妻」節目合作置入式行銷（placement）、與「全民亂講」推出「生廣告」（現場直播）的直效溝通方案，行銷創意人希冀產品功能、特色、概念和促銷資訊「自然」融入電影和電視劇情中《○○七》和Nokia手機、流星《花園和飲料》、手機合作等），藉由一點一滴的滲透（penetration）讓消費者感染商品訊息，媒體已被視爲一個資訊通路，不但傳達意念也促成銷售。

阿扁傳眞和行政院提出國家施政宣導及公營事業商品廣告媒體通路專案，引起極大的討論，其實民間企業早就透過媒體公司運作實施多年，目的是集中資源爭取媒體談判時的優勢籌碼，晚會現場實況轉播在廣告爭取發言權也是常見手法。再者，也可同時藉由市場議題、內容、畫面搶占新聞版面或時段，形成話題行銷（topic marketing）的螺旋效應，擴大渲染力，如同病毒一樣快速擴散的訊息交換或蔓延，此病毒式行銷（viral marketing）的模式在美國行銷界、網路界廣受注意，尤其當奇摩和HOTMAIL提供免費的電子信箱時，消費者感激涕零時卻忘了自己正在幫他們

圖10-1　台灣奇摩站——奇摩世界變了篇

當網路時代來臨，身為台灣最大入口網站的奇摩站，將跟你生活的每一部分息息相關。

（圖片提供：時報廣告獎執行委員會）

傳遞廣告訊息——「你今天Kimo了嗎？」、“get your free email at http://www.hotmail.com”。

奇兵致勝

一九五七年SPC公司以下意識手法（subliminal）所做的實驗，於電影播放時，在畫面空白處以文字幕閃爍方式，每五秒鐘插播1/30秒的圖像“Drink coke cola, eat popcorn”，結果使戲院當天可樂和爆米花的銷售各提升18%和52%。

一個消費者的腦容量約三萬個廣告，當一個新的廣告訊息進入腦中時，它必會取代腦中原先已有的一項廣告訊息，根據密西根大學（University of Michigan）教授新近的研究指出，現在是資訊氾濫的時代，「最適資訊量」是促使消費者消化資訊的指標。然而，所謂的最適資訊量，卻是每個消費者心中一把尺，各有衡量與算計。

熟稔市場或行銷的人員，常以「直覺」來判斷市場或消費者，「直覺」的推理是學習經濟學很好的輔助方法，自認懂經濟學的專家，通常以「直覺」來判斷因果關係（合乎他們所謂的「理論」）。但過分強調直覺與常識判斷，或完全以現象發生的先後來判斷因果，常會犯邏輯謬誤，這些可能都是造成創意桎梏或創新障礙的因素。

自己就是最佳產品代言人

千禧年的餘韻和新世紀的到來使然，廣告界有多人因工作壓力而早年驟逝、中風或精神情緒緊繃而自殺，不但令人扼腕，更感歎生命力何等脆弱、視生命爲何物？

美國寶鹼公司（Proctor & Gamble）最近行銷骨質疏鬆症新藥Actonel，負責推廣該藥的行銷主管Day Napier女士，不但大幅改變寶鹼公司傳統廣告手法「創造愉快寧靜的氣氛，使用寶鹼商品」，並以自身罹患乳癌使用這種藥物（癌症病患於化療過程可能產生骨質疏鬆的副作用）爲產品眞實證言，同時，也讓病友或婦女分享其個人抗癌的堅強故事。Napier與癌症奮戰的勇氣，不但表現在行銷Actonel，也表現在其工作精神上。當她被診斷爲癌症時，覺得自己既然從事關切婦女健康的工作，就不該隱瞞自己的病情，眞實面對。因此，她希望同事幫她的是繼續推動工作計畫，而非同情或憐憫。於是乎，在廣告中把婦女描述成對抗骨質疏鬆症的戰士，而文案「一位戰士，她用什麼武器？一瓶Actonel」。然而，不管是在廣告中或Napier現實生活的療程中、行銷市場上或是與癌症的戰役上，「勇氣」都是持續的力量。

Napier的作爲，我們可以透過檢視寶鹼公司的全球化經營理念和企業文化得知，目前旗下擁有四百多個品牌、營業額四百億美元的國際大型企業寶鹼公司，爲了要讓產品在市場上快速推出、流通，並能即時瞭解和針對消費者需要，在對的時間、對的地方提供對的產品，現在正進行組織重整和有效率的消費者快速回應（ECR, Effective Customer Response）策略，從組織內外去講求速度感，並利用消費者資料庫，創造營收及加強與顧客關係。儘可能與消費者接觸，並利用這些過程不斷蒐集消費者資料。透過消費者資料庫，公司可對個別消費者，進行更個人化且更周到的服務。這即是由關係行銷發展出來的新興概念——顧客關係管理（CRM, Customer Relationship Management），透過不斷強化雙方關係，將消費者帶入品牌核心，產生爲品牌代言的動機與動力。

一、積極的觀念行銷——健康促進

台灣新近的抗癌鬥士金素梅，以個人經歷「病」的消極，化爲積極的從事推廣「平時因應戰時」的健康傳播行動，首先便是「健康促進」（health promotion）的觀念行銷。

健康促進的定義在「渥太華憲章」和第一屆健康促進國際研討會爲：「使人們增強其掌控和改善自身健康之能力的過程」

(Kindig, 1986)。由此得知，健康促進的精神在於一方面增強個體照護自身健康的能力；另一方面排除環境中有礙健康的阻力，因此，學者均認爲過程比結果重要（Davies, Macdonald, 1998）。其實「健康促進」這個名詞看似熟悉，但是各個學門領域對它的認知及操作卻莫衷一是；有的從個人行爲及健康信念出發，亦有自整個生態環境及系統性組織結構著眼的。前者強調以「健康教育」來改變個人認知、態度，進而影響其決定能力及行爲表現。後者則主張透過經濟影響力及健康政策的運作，以形成支持性健康環境，進而達到改善健康狀況的目標。

然而，近年來在市場行銷大肆炒作「健康食品」、「美容瘦身SPA俱樂部」等趨勢，衍生許多「健康商品化」的契機。從行銷傳播的觀點發現：現今消費者開始注重的層面已經不只局限在疾病的預防上，而是更重視養生的方法，像許多人開始上健身房、吃藥膳、作SPA等，爲的不只是消極的預防疾病，更是積極的促進身體機能的健康。人們對健康的重視，而企業廠商以此預測消費者需求或市場潛在需求的「預期式行銷」（anticipative marketing），或是直接針對消費者目前所因應的問題作爲行銷企劃上應變之「因應式行銷」（responsive marketing），不但肥了搶先機的企業廠商，也使得社會追求健康的風潮造成了一個假象：顯示大家愈來愈重視自我的健康狀況，但其實，社會大眾所知道的健康法則，非常表象而表面。或者可說是大眾雖然瞭解如何能保持健康，但能確實遵照這些法則的畢竟是少數。

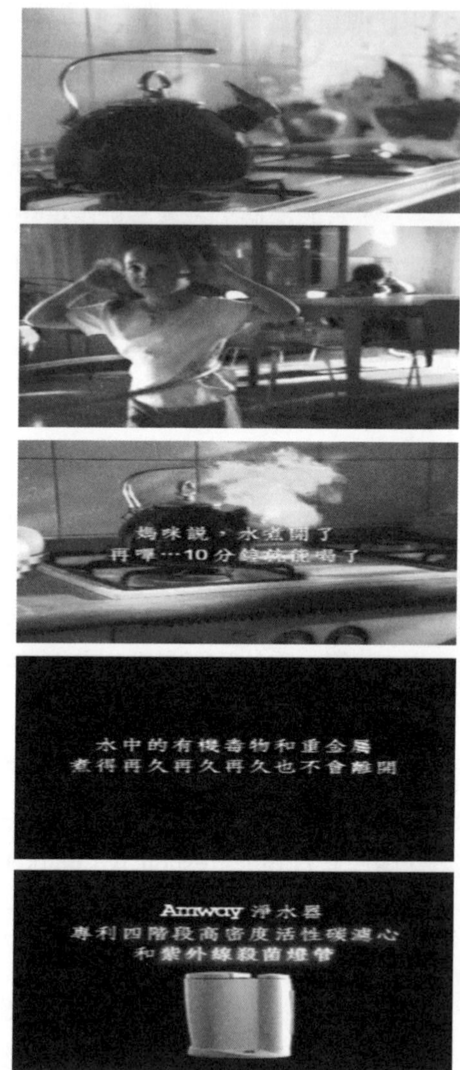

圖10-2　安麗淨水器——嗶篇

企圖顛覆坊間流傳的不當飲水觀念——「飲用水煮沸就可安心飲用」，以操作煮沸水議題提醒人們飲用煮沸水所潛藏的危機來引出購買動機，並建立安麗飲水器的品牌印象與知名度。

（圖片提供：時報廣告獎執行委員會）

二、愛自己、永遠為自己代言的廣告人

廣告人和行銷人永遠站在第一線——產品、市場、競爭和自己的生命。同時，也因著這份「前線魅力」而忽略了平衡，只知勇往直前，但也請別忘記，當我們對自己的產品做到「吃它、喝它、用它、穿它、愛它」的境界時，唯有積極的將健康促進的概念身體力行，才能爲你的客戶和產品永續經營而努力不懈。

色彩趨勢行銷

色彩行銷風潮的開始且大行其道，是一九九九年百事可樂以「藍色」作爲新一代可樂的象徵，並以重金包下飛機彩繪百事可樂的新色系與識別於機身，作爲全球公關造勢活動；IBM的企業識別也強化藍色，讓消費者相信他的專業，而包裝Thinkpad手提電腦則以黑色外身搭配紅色鬥閂，訴求現代企圖心蓬勃的專業人士；同年的色彩趨勢預言是佐丹奴的品牌再造，捨去「青蛙」的品牌圖騰，以「卡其」色系代表的休閒風、單純的產品線和簡約的時尚風潮，自此，引起休閒服（casual）市場一陣顏色炫風。

UPS的棕色字一九九三年便開始使用，但直至二〇〇一年才大膽與消費者溝通，因爲色彩定位由原來的「遲緩、笨重」等棕色形象不利於快遞業，轉而以「值得信賴和安全送達」顛覆，頗受消費者好評。

一、有關黃色的趨勢預言

二〇〇一年夏天的人氣芒果汁帶動了市場一片「欣欣向

黃」，本土柳橙汁市場大老香吉士企圖以此新產品再創飲料雄風，「黃色行銷」於焉充斥市場──從實際滿足口腹之慾的產品，到純體驗式的賣場氣氛。立頓的「黃色」是全球化策略，如可口可樂的紅色，在台灣，一九九二到一九九三年大眾媒體所塑造的品牌印象是英式茶的專家、一個西式茶飲的專家，大家對立頓的感覺是：大廠商、可信任的飲品廠商、對茶方面特別專精，說起立頓會想到黃牌紅茶、周華建等，紅茶市場有茶包和即飲飲料市場；因此，一九九五年立頓奶茶強調清柔的歌、友誼的感覺和香醇濃郁，定位在年輕族群但是old fresh，三十歲左右的。然而，在情感上立頓少了包裝飲料如可口可樂歡樂的感覺，與年輕族群有溝通式的缺口；但二○○一年，年輕人定義友情並非如此，一九九六年後將品牌印象由old fresh轉至fresh funny，故立頓巧克力奶茶走現代年輕人的方向講他們的話等；另一個目標轉移至中國茶的部分──茗閒情，將「資深喝茶族」與年輕族群產生對話，深耕立頓品牌資產──「茶飲的專家」。

日式涮涮鍋在台灣的市場以「錢錦」系列首創的黃底藍字為號召，所有小火鍋的識別幾乎產生通則；而「美而美」的紅與白，成為現代早餐店的代表色。消費者易於辨識與反射思考的企業識別系統（CIS），是品類領導品牌初入市場時不容忽視的要件。

二、品牌再造工程

色彩趨勢行銷是品牌再造工程的利器，然而，判斷品牌再造還有下述十大經驗指標可供參考：

(一)產品上市或經再造經過三年以上

面對更迭快速的市場環境，時間壓力是品牌的重大考驗。以乳霜在台灣起家的妮維雅，擁有三十年的銷售歷史，卻因市場敏感遲緩，反而落後旁氏、歐蕾等後起之秀達七、八年之久，現今欲以更新品牌形象重回市場，勢必作工兩倍以上。

(二)品牌新的使用者數量減少

品牌完成成熟期的使命固守忠誠消費者後，開發新消費者的機率降低，故應警覺再造策略因應。

(三)市場的相對成長率下降

品牌競爭的結果，造成市場對決與廝殺，例如日式涮涮鍋在一九九九年冬天幾乎以五步一家的方式展店，爲吸引消費者上門消費，紛紛不惜血本祭出各項折扣，而領導品牌「錢錦」等連鎖系統也加入競爭，使市場的相對成長率不增反減，利潤下滑瀕臨危機，故重新建構品牌再造工程。

(四)主要通路或區域的業績下滑

全國電子原擁有全國店數最多的通路優勢，但仍不敵市場景氣之大環境影響，故與宏碁科技合併，形成複合品牌通路Eloha。

(五)意見領袖客層對品牌出現負面評價

屈臣氏在二○○一年面對消費者和國會議員指控販賣回收九二一賑災之商品和過期商品，此項空前的危機，造成其原居市場領導品牌通路的業績直線下降。

圖10-3　星報——瘋狂歌迷篇

消費者易於辨識與反射思考的企業識別系統（CIS），是品類領導品牌初入市場時不容忽視的要件。

（圖片提供：時報廣告獎執行委員會）

(六)銷售成長率逐年遞減

台灣啤酒因眾多進口啤酒品牌的夾殺，銷售量逐年衰退，故以其「新鮮的產品力」重新提醒消費者「台灣啤酒，台灣最青！」。

(七)競爭者評比優於自己

比較競爭者與我們的品牌，在消費者使用後或心目中獲得較佳的滿意度。

(八)技術落後於競爭者

市場快速變遷，品牌力須靠產品力爲後盾，如研發創新技術落後於競爭者，就必須快速進行以技術取向爲主的品牌再造工程。

(九)消費者價值觀改變

產品品牌進入市場應隨時掌握消費者情報，以便適時反應消費者需求的變化。千萬別忽略爲消費者創造價值的重要性。

(十)公司內部老朽意識強烈

企業因著名品牌資歷或產權化，而產生「倚老賣老」或「老大心態」的自滿老朽心態，是影響品牌現代化永續發展的絆腳石。

三、色彩行銷的魅力

色彩趨勢行銷強化與消費者溝通品牌的第一次、重複和再造經驗，行銷人員也藉此簡化購買過程的複雜性，也不斷增加以消費者爲目標市場、爲標的的行銷溝通過程。

表10-1　色彩行銷之意涵

顏色	人格特質	行銷意涵
藍色	尊敬、權力	美國人最喜愛之顏色；男性喜愛商品包裝之顏色；「藍山咖啡」代表溫和口味；IBM企業識別色，代表專業地位；百事可樂；國民黨
黃色	新奇、流行、暫時、溫暖	立頓包裝、燦坤3C、涮涮鍋店招、新黨
綠色	安全、自然、放鬆、草根性	環保、有機產品、民進黨
紅色	刺激、火辣、狂熱、強烈	可口可樂 SKII化妝品，訴求熟齡女性
橙色	非正式、強而有力、有擔當	快速引起注意、親民黨
棕色	保守、休閒、陽剛	「伯朗咖啡」代表濃郁香醇；UPS的企業識別色
白色	善良、純真、正直、乾淨、優雅、細緻	女性化商品、化妝、清潔、沐浴用品、低卡路里商品
黑色	高雅、神秘、力量、權勢	高科技電子產品；通常代表「精巧、高品質」
金色	豪華、富有、高貴	有「溢價」之虞；金莎巧克力

參考資料：Bernice Kanner, Color Schemes. New York Magazine, 1989.

淘氣消費

根據一家健康檢查診所針對二十至二十九歲的年輕族群所進行的「健康意識」調查，發現超過91%以上的年輕人「知道」熬夜（指超過十二點以後才睡）有礙身體健康，但是如果要唱KTV爲了「省錢」，宵夜場喝了蠻牛再唱；口味清淡有益身體健康，但是麻辣鍋一定要挑戰極限。

另一個有趣的調查則是奇異果公司發現，九成以上的消費者都知道奇異果的營養價值很高、含有豐富的維他命C、可以養顏美容等好處，但就是「不吃或是不主動吃它」，所以在行銷上的著力點是鼓勵消費者行動——「吃我、吃我」，而非再告知消費者奇異果的好；《文化一周》民調中心近期所做的調查發現，台北地區大學生近九成會看八卦新聞，但認爲狗仔隊採訪的行爲不道德或討人厭的有八成，《壹周刊》的緋聞在同儕間的話題中可不能少，因爲怕得資訊焦慮症；太平洋SOGO百貨因SARS風暴封館三天後以五折公益促銷的名義重新開幕，消費者的心理是害怕被感染的，但「很便宜和不會那麼衰」的想法馬上化爲「驍勇善戰、不畏危險」強進血拚的情景；上述這些消費現象歷歷在目，我們不難發現：如此知行不合一的消費者正是行銷預算分配時考慮的「靶心」——消費者是「知或不知（認知程度）」、還是「行或不行（購買行動）」。

一、淘氣消費的行銷反挫

現代的消費者面對爆炸性資訊的干擾，展現一種前所未有的資訊反挫力——「你給我的，我不要；我要的，你可能猜不到」，「淘氣消費」的氛圍讓行銷人員墜入步步爲營、卻又覺得處處充滿生機的愛麗絲夢遊奇遇記，於是乎「行銷反挫力」的火力全開。

依照現代市場法則，產品生命週期成熟期的市場環境，應是少數幾個品牌寡占大部分的市場占有率，早期領導品牌一統天下的局面已漸被「知行不合一」的淘氣消費者打破，牙膏市場的局面是在消費者「佈施」（通通有獎，便宜就買）購買的心態下，動搖所謂的「黑人忠誠」，使高露潔和白人分享多年獨大台灣市場的黑人一些些羹。

但是，並非所有的產品都會面臨或感受到「有形的」競爭者，甚或是有眞正的對手出現攻城掠地的激烈場面，例如鹽在台灣是超級獨占性商品，除了台鹽外，消費者要吃鹽，不作第二人想。按照常理，台鹽應該享受老大通吃的快意，幸福無比。然而，台鹽再強也逃不過消費者「猴怪」的宿命，健康意識提高後，整體的食用鹽量急速下滑，此時，台鹽才發現自己的敵人竟然是隱藏在心中已久的「老朽自己」。所幸，快速企思求變，由消費者端切入，成就了三次的品牌再造工程：由食用鹽品類市場進入使用鹽（精鹽食用、粗鹽洗蔬果）；接著，再接再勵深耕且擴大使用量的市場，由「洗蔬果」轉向「洗臉和身體」（都有異曲同工之妙——清潔和殺菌的功效），推出蓓舒美品牌系列的洗面乳、洗髮乳和沐浴乳產品；現在，「在夏天也可以爬雪山（鹽田）」的觀光行銷，吸引大批好奇的國民旅遊消費者前往觀賞，進一步將傳統的製鹽產業推上高峰。

二、以不變應萬變的博感情行銷

有些品牌在市場上是屬於「長青型銷售」（long selling）的老朋友，產品永遠處在成熟臨界衰退的時期，消費者都是「和它一起長大或是看著它長大」的類型，產品從來未曾改變過、更不須作R&D（研發），但往往在關鍵時刻，消費者自發性地對產品產生「創造性需求」。此次的SARS風暴，口罩、漂白水和酒精等搶翻天的同時，明星花露水又再次被媽媽型消費者「加值」了一番，從早期香水的功能到居家芳香劑，再轉身變成夏天去除孩子身上的痱子和防止蚊蟲叮咬消腫，而今該產品中的酒精成分（70-73%）成為家庭抗SARS的重要消毒抗菌配備。克寧奶粉從美軍在台時代的高價位形象——補身，消費者將此概念延伸至醫院探病必饋贈之禮品，而今天維繫一家人親暱情感的宵夜品，還是克寧。

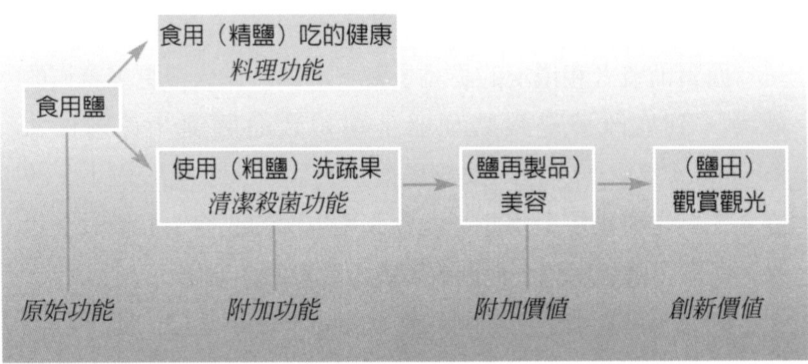

圖10-4　台鹽品牌再造

這種行銷模式經常發生在被全世界聲稱「全球化即美國化」的美國，尤其是中南部地區。二〇〇二年是搖滾始祖貓王逝世二十五週年，經紀貓王「圖騰」（icon）所有權的愛爾維斯公司（E. P. E, Elvis Presley Enterprise）依往例在美國中南部城市曼菲斯（Memphis）爲五千到八千名的貓王迷舉行盛大的紀念活動，這同時也是爲此城市觀光行銷創造商機的重要來源，平均每年可帶來將近四百萬美元的收入。因此，從「貓王週」（ELVIS' week）（八月九日至十六日）開始的週末夜就有此城市觀光局所贊助的HOG團體，眾多成員自發性的身著貓王搖滾服飾騎著重型機車在市中心集結遊行，由追悼貓王、到音樂等周邊商品販賣、以致成就地方榮景等等，貓王的抖音、抖腿從未在消費者心中改變過。

這些都是讓行銷人員窩心的——老產品對消費者博感情、消費者對老產品博信賴。

三、到底是你變？還是我變？

面對消費者和環境的詭譎多變，常讓行銷人員更需審慎的思考，到底改變是致勝利器？還是致命關鍵？美國作家Steinbeck曾說：「拒絕改變是人類天性。人愈老，愈不肯改變，尤其是特別抗拒那些可能會改變現況的改變。」而長久以來，多數企業也處於一種欲改變或拒改變的矛盾中。

然而，不管消費者如何的知行不合一、再怎麼淘氣，我們是否應該先想想一個序列問題：到底是你（消費者）變？還是我（企業、產品服務和品牌）變？

電影行銷：中國概念

Mountain Drew山果露最近在美國三大電視網ABC、NBC和CBS密集播出的一支廣告影片，借用「臥虎藏龍」劇情、武打場面、中國庭園、中國演員、中文旁白等「全中國」演出，可以想見李安、臥虎藏龍、中國輕功的柔美已取代、也區隔了美國人早期對中國的聯結──李小龍、精武門、雙節棍的剛強。

近來，美國傳媒興起一波接著一波的中國風。Cisco的廣告是以跳接和音樂的形式，將中國文字、中國人的高科技公司場景和東西方面孔的各種職業的使用者融入，呈現所謂的「現代中國意象」；在成龍（Jacky Chen）電影──《尖峰時刻》（Rush Hour 2）的「中國武打喜劇」蔚為一股旋風，連帶廣告影片中也出現中國、韓國、美國、西班牙四種面孔的少年，馬步姿勢穩健、拳腳功夫了得和伊哈運氣聲不斷，介紹的是健康飲料。

一、廣告表現概念

一般而言，必須將產品概念（技術面）轉化為商品概念（行銷面），而後發展出容易被消費者接受的廣告概念（表現面）。此即為創意，是廣告最為吸引人的重要一環。廣告概念以聯結消費者或形成消費者易於接受的訊息，形式大致分為四種：情感聯結、文化概念聯結、實證機能性聯結和生活形態聯結，前兩者屬感性（emotional），後者則是理性（rational）。

情感聯結表現印象概念，多借用心理學理論，以滿足消費者欲望為主。例如統一左岸咖啡館表達了目標對象──都會女子的城市疏離和出走心情，以歐洲、賽納河、咖啡館角落、異鄉女子和侍者等娓娓道來；文化聯結則是一種象徵性概念，以符號學理論爲架構，表達文化意義和圖騰，如本文所提及之中國概念；機能性聯結以主張概念，配合經濟學理論之實證基礎，將商品效用眞實說明，以阿亮代言的白蘭強效無磷洗衣粉，說明「凡洗過，必不留下痕跡」即爲一例；而生活形態聯結是將商品導入生活的提案概念，以社會學理論應用，新一代的好媽媽不再是金蘭醬油有「媽媽的味道」，而是「不會太甜、不會太鹹」的醍醐味。

二、文化概念聯結

中國概念一直是重要的文化意象，中興百貨在意識形態廣告公司的操作下，綠色地球提袋、黑色唐式銷售員制服和中國台灣本土設計師專櫃等，導入這小而美卻精緻的社區型百貨公司的定位，顚覆日式或歐式百貨在台灣的優勢；非常可樂在中國以長城上的年輕人凸顯與西方可口可樂沙灘青年形象上的差異，這是中國人眼中的中國概念，簡單而具象。一九九五年日本百事可樂「讓日本人放心大膽玩美國人的可樂」概念下，創造Pepsi man，除具有日本傳統娛樂的特質（被欺負的拙拙的小朋友共鳴），還反應社會現象徹底與日本文化結合。再者，近來台灣本土的區域型文化自歌手伍佰唱出台灣啤酒「台灣尚青」之後開始形塑，而在競選廣告中常使用的廣告歌曲「春天的花蕊」，襯以故鄉、親情、朋友等故事入鏡和剪接，不但令人動容，更使台灣文化意識油然而生。

圖10-5　統一wagamama——兩個女人篇

文化聯結則是一種象徵性概念，以符號學理論為架構，表達文化意義和圖騰。

（圖片提供：時報廣告獎執行委員會）

三、廣告文化，文化廣告

廣告是一種最即時、也最快速反映文化現象、生活形態、流行趨勢等的產業，也是在全球化（globalization）風向球中，濃縮國與國、地方與地方、文化與文化、社會與社會之間交流時間的首要利器。台大城鄉所教授夏鑄九指出：全球化的意義，一來是國界消失，二來則是以重要城市作地標，吸引企業及人才。所以，不管是中國、美國，或是北京、紐約，身爲一個廣告人或是地球村人，別忘了下次旅遊時，先瀏覽一下當地的廣告。

愛國情操

近來，愛國情緒在兩個地區沸騰：美國的「反恐怖主義」和中國的「國際接軌」，我們可以從行銷傳播整合效益中體會兩國所展現出截然不同的愛國情操，無論是在情緒、情感和力量上。

一、美國化悲憤情緒為愛國力量

美國從九一一事件後，媒體或娛樂界如三大電視網和好萊塢的電影公司，立即發揮自我約束力，迅速將歡樂或搞笑內容的節目和電影取消或暫緩上映；一些指標性的產業如可口可樂、百事和聯合利華等公司，都暫停原本計畫的新產品上市、廣告和宣傳活動，因爲這些以銷售推廣爲目的的喧嘩氣氛，實在與當下美國悲憤的情緒背道而馳。因此，全民行動，站在與國家共體時艱的第一線，攜手共度危機：透過各種新聞議題和報導，和哀悼的紀念事件的方式，喚起國內同胞的同仇敵慨，也積極的表彰國民的

圖10-6　競爭思考

英勇事蹟，如紐約市長朱立安尼的危機領導和消防隊員的捨身取義，美國大兵爲保國衛民「現在要出征」而拋棄兒女私情的動人畫面等，將原來只是美國單國主義反賓拉登的國內行動，升高爲國際共同對抗恐怖主義的全球同盟。

然而，造成恐慌的除有形的九一一衝擊，和無形夢魘連連，包括炭疽熱陰影、經濟衰退、民間消費力疲乏等，滾雪球效應接踵而至。競爭思考（見**圖10-6**）是目前布希政府必須從長計議的領導國行銷策略，唯一能做的不僅僅是攘外，還必須安內。思考眞正的競爭者和衡量美國目前雖處領導大國之地位，弔詭的是，賓拉登只是一個點，「打擊恐怖主義，維持世界安定與和平」可能才是長期防禦型策略，有效地對世界公民潛在質疑「全球化即美國化」的呼籲；而「鼓勵消費、提振產業信心是愛國心的表現」，則是短期解決國內問題的主動出擊型策略。

二、中國國際接軌，情勢一片大好

北京申奧成功的舉國歡騰言猶在耳；又以東道國身分在上海主辦亞太經合會議（APEC）；接著與東協十國合組自由貿易區；就在十一月正式成爲世界貿易（WTO）成員國的喜訊後，全中國傳媒充滿了「二○○一中國年」和「國際接軌」的意識喧騰，相對於全球對其經濟快速崛起所產生「中國衝擊」的話題，「拚經濟」已是全中國政府和人民上下一致的共識，我們可以從「全民搞好英文，共同迎接國際接軌」如此的標語中，嗅出中國政府落實與世界作鄰居的基本策略。從清晨開始的電視和廣播頻道，無論是評議或對談性節目、廣告或活動宣傳等，幼童以「新世紀好兒童」紮根學英語、年長者以「學好ABC，準備接外賓」，而年輕人更以「世界接軌、英語接軌」直接訴求「英文學習」的重要性與迫切性，一時之間，中國人新一波的全民運動——英語學習就此展開。

中國的「國際熱」和全球的「中國熱」話題，皆是在操作整合行銷傳播的綜效（synergy）下蔓延開來。亞里斯多德最早提出「全體大於部分之總和」的綜效概念，意指整合（integration）的效益會超過個別（individual）的總和。策略性的整合效果，包括品牌訊息的整合、企業組織的跨功能整合和行銷傳播代理商支援性整合等，將大於廣告、公關、直效行銷、銷售推廣和事件行銷等個別行銷傳播工具的效果。有趣的是，中國在思考自己的競爭角色，充分明瞭雖然較晚於世界舞台上場，但卻以「十倍速」的綜效策略出現，爆發力十足。

三、愛國情操的反思

美國和中國的愛國情操，令世人熱血沸騰！對前者，我們以輿論發出正義之聲；但對後者，我們應反思，這股力量是否仍存在我們心中？

契機行銷

「George & Mary年輕又有活力」，在不景氣的年代裏讓年輕族群（18-25歲）又擺又跳、正大光明無負擔的借錢，讓該銀行在新銀行評比中快速竄升；而無須像曹啓泰（四、五年級生）一般悲情地喚起大家「借錢是高尚的」，不但訴求的目標對象（年輕人）不感興趣，且引發這些人的父母親大加韃閥聲浪。當鎮金店、點睛品兩家香港金飾業者登台，分別以熟齡和妙齡上班族爲目標消費者，推出品牌設計金飾，不但讓金子變好看且讓消費者從保値的觀點犒賞自己，大大地顛覆傳統消費者在「柵欄中買金子」（一般金子店皆以鐵窗鐵門重重保護）的不舒服感；這一股反挫，讓台灣傳統金飾業者手足無措，但也激起「團結聯盟、共同抵抗外侮」的決心，立即組成「台灣黃金協會」共推聯盟品牌金飾，第一件作品「沸舞金」切入青少年一生第一件飾品的概念，打出「年輕一件飾」的廣告訴求，成功回復市場信心。

一、危機與契機

身處風險社會（risk society）中，隨著科技的發展，充滿了失控與不確定性。

因此，危機（crisis）無可避免，但如何將「危機=危險+機會」，則是近來頗受注目的顯學。在危機中創造機會、化危機爲轉機，不但消弭危機且永續品牌形象，此爲契機行銷（critical point marketing）；反之，如果在危險中喪失機會，未察先機，且使危機惡性循環，終致企業一蹶不振。

如何在危險中創造機會，化危機爲轉機？擁有正確的「危機管理」觀念與良好的「危機處理」能力，才能轉危爲安，進而行銷聲譽！九一一事件後，朱利安尼被美國人民譽爲全美國的市長，並獲選爲《時代》（*Time*）雜誌當年的年度風雲人物，聲望達到空前的頂點。一場危機可以製造一個英雄，但是端看是否平時準備（危機管理）以應戰時（危機處理）需求。

危機管理的精神在於防患於未然，絕非發生危機後才進行處理。其實很多企業的風險都處在最平常的地方，「最安全的地方就是最危險的地方」，風險一旦爆發，就會形成危機，這時候企業平時需要的是一套有標準程序的危機應變計畫，以因應危機並從中找尋契機。SARS風暴突襲台灣，上街購物的人潮驟減，造成百貨業者的業績大量衰退，但也由於SARS的緣故，虛擬通路業卻是大發利市。例如業者提供電視購物、網路購物、型錄商品等在家選購的便利性，讓這些通路的業績近來都以倍數成長。東森購物台就是一例，以平時建制完整的頻道購物機制配合網路行銷、充足且多元的貨源和宅配服務等，除了推出當下民眾關切且即時需求的防疫保健商品外，其他商品也順勢獲得青睞，讓業績開出長紅也建立東森購物王國的美譽。從危機中找商機，機會永遠等著準備好的人！

二、契機式行銷溝通

農民上街頭示威、教改政策與教師示威遊行、限用塑膠袋政策之業者抗爭等風波的發生，我們可以發現環保署推動「垃圾減量」的政策，策略性地以時間和溝通對象逐步達成「分階溝通（第一階段是企業，第二階段是個人）」進而作到「全民落實」，所引發的社會抗爭和異議相較於「農會」和「教師團體」小，箇中奧秘不外乎在事前政策推動之有效的行銷溝通：發揮職能相稱的組織功能，善用傳播媒體進行政令前導期的分眾布達和危機發生點的處理；時效性與精確性是掌握危機的關鍵，決策時要明快、公開、提供正確資訊、降低不確定性、消弭疑慮與謠言；再則，危機之決策應以退為進，小輸就是贏。

台灣的高失業率和不景氣，造成頗多市井小民怨聲載道，如果政府能適時加以溝通和情緒疏導，就不會衍生「接到交通罰單不爽，為發洩一時情緒，就開車撞交通部，還能被視為英雄」等一連串「衝撞以明志」的激烈手段。由此觀點出發，對於近來有些大眾媒體招致批評的聲浪，從「情緒出口」的角度達成契機式的行銷溝通，倒是頗值得肯定：三立電視台所製播小成本卻立大功的「台灣霹靂火」劇集，其對白與反派角色以較直接、不需用大腦的方式娛樂消費者，適時地達成讓台灣民眾角色和情境的投射，也提供觀眾一個壓力情緒的發洩管道；而《壹周刊》和《蘋果日報》以大量視覺取代文字，以偷窺的八卦新聞來符合現代圖像世代消費者，他們對嚴肅又無力的大新聞倒盡胃口，只希望訊息「快進快出」。這些都間接地將許多潛藏的危機莞爾轉化為新契機。

三、危機就是轉機，轉機變契機，契機造就商機

危機的處理是短期的，危機不論如何管理，也總是無可避免付出代價，但從危機中學習，並調整組織，否則危機還是會再度來臨。然而，能將危機變成企業改造原動力，形成一股持續性的契機行銷模式，才是危機管理的最高藝術。

第一名哲學

大成鹿野雞精：「請問白先生：『您有多少瓶雞精不是用淘汰雞做的？』」

一群正派經營的雞肉供應商：「吃雞的，請看！！……連日來媒體出現『淘汰雞』的說法，吃雞的你和賣雞的我們都應該知道，強打淘汰雞的某廠商本身亦同時從事速食業『x堡王』……白蘭氏雞精超前同業……我們將繼續提供一級好雞給白蘭氏……」。

白蘭氏雞精：「擔心雞精的品質？選白蘭氏就對了」。

肯德基：「麥當勞的雞腿堡比較好吃？」
麥當勞：「麥當勞的雞腿堡比較好吃！」

陳水扁總統：「我選都選輸了，我現在是『總統』，我會再和你去選『市長』嗎？」

由這幾則廣告對話，我們看到了兩個有趣的市場現象：一是「如何當第一名？」；另一是「如何尾隨第一名？」。

一、如何當第一名

市場上的領導品牌，常是後發品牌學習、模仿、比較或攻擊的對象，因爲「站在巨人的肩膀上，可以看的比較遠，也比較容易被看到」。所以，「第一名」常常不勝其擾。

然而，領導品牌歷經大小戰役才榮登第一名寶座，表示自己是在這個「品類」（product category）市場中的佼佼者，前不見來者，追兵被拋在後，所以理當勇往直前，與「自己競爭」。「總統」這個品類市場裡，陳水扁已是台灣第一了，其競爭對手應放大到「世界各國總統」，就像李前總統頻頻到國外「領獎」或「出訪」等獲取世界知名度——「台灣人的總統」，而不在乎國內批評的聲浪，當領導品牌應學習李登輝品牌。

肯德基在台灣的消費者心目中是「炸雞」的代名詞，尤其是咔啦雞腿堡是肯德基的招牌，而麥當勞是「歡樂的、生活的」的速食領導者，原本各自擁有「第一名」的市場空間，但當麥當勞侵入了炸雞領空時，肯德基按耐不住必須立即回應。試想，回應的結果是：不但當後發品牌眞的是我們的競爭者，也幫競爭者再打一次廣告。

白蘭氏雞精的市場占有率達七成以上，以前的一場「統一雞精」比較戰役，已使後發品牌攻下一成半左右市場，這次面對大成鹿野雞精的叫陣，理應「老神在在，處之泰然」才是。但，第一名怎可坐視遭人詆毀，一定要講清楚說明白，不禁又「對號入座」，消費者本來已經相信白蘭氏雞精就是雞精的顏色、雞精的口味、雞精的一切，開始產生懷疑。白蘭氏雞精深耕市場多年，現階段的行銷策略應是經營顧客關係，永續發展「健康事，交給白蘭氏」的品牌資產，而非再回到產品生命週期導入或成長期時，不斷強調商品特性和利益點。

二、如何尾隨第一名

馬英九市長到香港「慢跑」、到美國參加學術會議，或不時向總統府放話等，「市長」的品類競爭中不將競爭眼光放在同品類的「台灣地區」（local）縣市長，和同屬直轄的高雄市或宜蘭縣（第一名）作競爭，而是以「總統」這個品類切入。因為行銷策略中「定位」是消費者對產品快速印象的一種方式，故將自己的地位拉到與「總統」品類中相比較，在消費者的心目中「超級比一比」之後，也許運氣不錯，馬市長可以加一分。

麥當勞「全球品牌，社區經營」的理念，順應整合行銷傳播的品牌精神——「全球化和在地化行銷」和全球行銷趨勢，在台灣落實的相當成功，而成為速食業龍頭，對於其目標消費者——兒童和家庭而言，到麥當勞是享受附加價值而產品並不重要，因此產品行銷可以「打帶跑的游擊戰」，也就是試試看哪一個產品市場（品類）中的領導者會被「激怒」，引燃成功，則獲得加分機會；如果不成，頂多是退出或另闢戰場，無傷大雅。

大成鹿野雞精雖是市場後發又後發品牌，原應以瓜分統一雞精這「老二品牌」為目標，但其挾畜牧本業、訴求「有好雞才有好雞精」的策略，希望藉由「話題行銷」的方式：與領導品牌直接比較，進而烘托自身產品優勢的方式，更快速進入市場。後發品牌什麼都沒有，只有一身是膽，端看誰入甕！

三、廣告桃花源？

市場趨勢詭譎多變，「人不犯我我不犯人」儼然已是桃花源境界，角色和定位的精確掌握，當第一名的哲學就是：自信與眼光向前，就像統一超商無視於二線品牌的聯盟或合競，由「您方便的好鄰居」發展為「與世界作鄰居」的大氣度。而如果，我們眞的想出人頭地，試試自己的guts，也許「有夢最美、希望相隨」！

是廣告，還是新聞？

龍巖集團在清明節時段某報「副刊」以徵文的形式，讓讀者抒發「每逢佳節倍思親」；7-ELEVEN爲推廣新麵包，在陽明山花季時節以麵包車免費讓消費者搭乘並且免費試吃，此具有新聞性的訊息在某報的「社會版」出現。這種以媒體創意創造三贏的廣告或新聞效果，正廣泛被引用——廣告主柔性和具公信力的形象（相較於以往大落落的「廣告篇幅」）與消費者溝通、消費者的收穫是口惠實祿、媒體也因此有廣告收益和效益，其中構思創意之奧妙，頗令人玩味。

一、廣告新聞化和新聞廣告化

全球知名的廣告公司BBDO創意總監John Caples花了二十年的時間研究廣告文案（copywriting）並致力於測試文案（copy testing）效果。其中，他對於「頭條」（headline）吸引的力量特別感興趣，因爲他相信頭條應該承諾閱聽眾某些事，同時，廣告的哲學是：「說什麼比怎麼說重要」；廣告的目的是在影響消費者的決策。因此，BBDO始終相信有效的廣告在解答消費者的疑問。

同樣的，奧美廣告的創辦人大衛奧格威，相信一個創意的概念必須是有趣的或甚至是刺激的，以至於吸引注意或是增加記憶度。有效的廣告必須具有三種無遠弗屆的力量——「引人注意」（stopping power），「使人感到興趣」（holding power），和「讓人記憶」（sticking power）。

廣告的哲學、目的和力量與文字（案）見長的新聞不謀而合，廣告吸引注意是透過一種謀略，引人注意的廣告告訴人們他們不知道的事，這引起人們的好奇心，進而提供他們所需要的。然而，廣告和新聞最大的問題是在於閱聽眾或讀者不注意，很多訊息只是閃過而沒有多注意，於是乎，流於觀察而不消費的現象（買商品或買報紙、看電視或上網）令廣告和媒體經營者憂心忡忡；如果廣告和新聞不被注意，那廣告訊息就很難令人產生印象，因此很多廣告和新聞都設計去侵入（intrusiveness），這代表訊息很難被忽視。廣告和新聞可以是侵入式，但卻不能是大膽而輕率無禮，因此，廣告新聞化或是新聞廣告化就是一種讓閱聽眾或讀者引起「自願式的注意」。因爲，即使它是一種侵入行爲，新聞的公信力透過廣告訊息的商業魅力，兩者自發性的產生「邊緣性平衡」（倫理、道德和法規等界線準則的拿捏）或是「加乘效益」（新聞被廣告、廣告再廣告）。

但是，無庸置疑的是，當兩者策略性結合並以無限上綱的商業利益考量時，廣告和新聞也可能因爲錯誤或過度的侵入，造成閱聽眾或讀者的負面情緒，例如京華城購物中心開幕前的報紙「專題採訪」式廣告，我們絕對知道廣告主是京華城，威京小沈的奮鬥故事是記者撰寫的「長文案」（long copy）。

二、創意兩難

新聞倫理很難教，也很難界定；就如同廣告創意一樣，我可以在課堂上條列許多方法論，或以我累積過往在廣告公司的工作經驗，並在工作場域中的實踐講述，但卻有一個經驗是無法分享的：當初踏入這個圈子，想像自己可以有一分產品事實說一分廣告語言，廣告就是廣告，決不踰越，甚至也時時謹記學校教育的倫理規範，自己曾在「傷人」與「傷己」的掙扎中來去。

可是，「倫理」與「創意」孰重？孰輕？我還在學！

第1頁
台灣優先 自由第一
自由時報
The LIBER TIMES
EPSON印出世界第一張清楚的外星人照片
數位影像科技大突破！
「外星人到地球了！」

1 要聞
中國時報
EPSON STYLUS PHOTO 895
21世紀最重大發現
EPSON揭露外星人真貌！
EPSON贏一台數位相機「立可印」
先進PRINT Image Matching技術讓原色再現
CHINA TIMES
www.epson.com.tw
EPSON

圖10-7 Epson立可印相片印表機——Epson印表機／頭條新聞篇

（圖片提供：時報廣告獎執行委員會）

創意災難

國際性產品都堅持全球性策略，要求使用全球或地區性統一策略，我們可以從許多廣告表現中看出：歐蕾的「你看，Nancy來了…（各地區的模特兒不同）」，在台灣造成口語行銷、同時也創造銷售佳績的「我是你高中老師」等；剛下架的「采研」洗髮精，全球標榜的策略爲「由頭髮看不出年齡」，台灣地區以徐貴櫻是否殺夫的懸疑式廣告引起注意（國外則是當地的明星），結果台灣的消費者反應冷淡。

地方性產品或是國際品牌落地後，爲因應激烈的市場競爭，常常造成行銷策略上「輸人不輸陣」的跟風現象（me too）。當有人提出「我最便宜時」，市場便充斥著一股漫天喊價殺氣；而贈品遊戲也依循「礦泉水、面紙和積點回饋」到「轎車和鑽石」，或是促銷活動「買大送大」等。然而，價格競爭沒有底線、贈品加碼是無底洞、促銷活動是見仁見智的自由意志，只要市場上有兩家以上的企業同時存在，競爭是無可避免且難以停止的，甚或沒有下限。

全球化策略或是地區性統一競爭策略是否會造成一些災難，尤其是創意災難，是一個值得深思的問題。

一、全球化＝一致化＝ME TOO

全球化的趨勢始於一九八〇年代，由哈佛大學教授李維特（Theodore Levitt）所發明。李維特對全球化的解釋很簡單：隨著新科技的發展，全球通訊成本也告大幅降低，影響所及，全球各地消費者的品味一致化，爲標準化產品創造一個前所未有大規模的全球市場。也就是說，「全球化」的主張認爲全世界的政治、經濟、價值觀、文化在商業活動主導下，將出現趨於一致的傾向。

全球的需求與渴望已經同質化，然而，全球化的興盛也引發一些意想不到的反應：全球各地民眾開始要求本土的自主性，也開始尋求保護自己的文化。但是這現象也與原先「全球化代表的是標準化作業」產生背離，如同美知名經濟學者梭羅（Lester Carl Thurow）在二〇〇三年訪台公開演講中指出：型塑中的全球化世界，不是十九世紀全球化的模樣，不是由少數國家主導其他開發中地區，如今是從社會主義走向資本主義，國家型經濟陸續融入全球經濟，世界級的企業集團決定哪些人、哪些公司有資格參與全球化。沒有貿易、沒有投資的中央極權國家，注定要被淘汰於當代全球化趨勢之外。在此議題的討論之中，沒有全球化、地方化的衝突，因爲世界上的每位消費者都將是購買「全球生產的地方特色」產品。

而調節理論（regulation theory）學者任職於法國CEPREMAP研究中心的Robert Boyer也認爲各國環境不一，所謂「全球化」不能機械的套用在其他國家。全球化並不是萬靈丹，不能解決所有的政治、經濟問題，例如企業對外投資就不必然是全球化的趨勢，適當的國內政策與投資環境甚至更重要。

亦即，當面對號稱「全球化」發展下——現代人的生活是由Coke、McDonalds、Nike、Microsoft等財團所營造出來的一致性口味、風尚、語言、思想觀念、價值判斷等時，當地社會若不能積極增加本土文化的抗衡力量，那麼其本土文化則將會無情地被同化而消失殆盡。

二、在地化＝差異化＝USP（Unique Selling Point）

然而從另一個觀點，隨著全球化的發展，不會出現單一的文化世界，反而是形成一個世界舞台，不同文化共同展現彼此之間的差異性。

雖然美國的時尚、風格、思想及文化價值深刻地影響著其他國家的文化認同，全球化爲創造世界性的文化空間提供了背景，但另一方面也挑戰各個民族的文化傳統和思想價值。而在地文化在全球化的挑戰下，究竟如文化帝國主義所言，或會更趨多元呢？還是創造屬於自己內化的獨賣點（USP, Unique Selling Point）？這是一項重要的挑戰與課題！尤其是創意講求「關鍵性」、「原創性」和「獨創性」，但也得接受「市場性」的考驗。

在此所謂的市場有兩種意涵：一爲實用性，國家專利局每年數千件過關，但不到百件經世濟用；另一則爲適用性，是否爲當地區的文化環境、消費者習性等相吻合。所以當全球化一致轉移的過程中，策略是可以全數移轉，但創意卻必須考慮在地性。麥當勞二〇〇三年全新品牌的主題策略爲「I'm loving it！」（我就喜歡），談的是生活態度和價值觀，因爲消費者愈來愈挑剔，同時也不再把品牌視爲產品或服務的表徵。更重要的是愈來愈多現代人使用品牌，不是爲了展示或炫耀自己的財富，而是爲了「定義」自己的生活形態。全球同步推展此概念時，台灣地區以近來興起的媒體——辣妹街頭秀，身著以黃黑取代黃紅麥當勞企業識別色系的辣妹服，高舉著「I'm lovin' it！」（我就喜歡）的牌子，企圖吸引注意，創造媒體話題效益。依著全球品牌策略走，但落地後則必須以在地化創意作切入。唯有如此，創意的眞正價值，即所謂的控制性創意（controlled creativity）——如何有效的發展訊息傳達給目標閱聽眾（target audience，尤其是當地的消費者），並且轉化可以和目標閱聽眾溝通的「廣告語言」（依著各地區的文化風俗和社會環境等），讓一連串「抽象」的概念，成爲「具體」的語言，例如在台灣，SKII保養品研發的“Pitera”透過蕭薔等名人代言的廣告轉化爲「美白」的概念、高科技研發的「奈米」透過聲寶冷氣機的廣告變成了「殺菌光」等；在中國，娃哈哈集團的非常可樂標榜「中國人的可樂」深具民族性情感。

三、行銷無國界，創意無疆域

新世界疆域已經全然勾勒出如此一致（全球）卻又獨特（在地）的形貌：我們坐在基隆港邊的STARBUCKS享受美景與咖啡；而巴黎人在城裡小巷中的台灣茶館喝著珍珠奶茶；紐約客則是大啖熱氣騰騰的日式小火鍋；蒙古人邊飲可樂邊吃肯德基。這一切代表著：唯有讓創意不落入災難的桎梏，我們就可以不在全球化洪流中迷失方向。

中文部分

Bernd H. Schmitt原著，王育英、梁曉鶯譯，2000，《體驗行銷》，台北：經典傳訊。

天地子譯，1988，《發表力》，台北：尖端。

江麗美譯，1996，《六頂思考帽》，台北：桂冠圖書。

吳玟琪、蘇玉清譯，1997，《行銷公關》，台北：台視文化出版公司。

吳思華，2000，《策略九說》，台北：臉譜。

吳克振譯，2001，《品牌管理》，台北：華泰。

吳幸玲、施淑芳譯，2003，《200個行銷創意妙方：利用最低成本，創造無限商機》，台北：麥格羅希爾。

Larry Bossidy & Ram Charan原著，李明譯，2003，《執行力——沒有執行力，哪有競爭力》，台北：天下文化。

李永清譯，1993，《廣告創意：表現的科學》，台北：朝陽堂。

林志懋譯，2001，《阿基米德的浴缸：突破性思考的藝術與邏輯》，台北：究竟。

張佩娟、鍾岸真譯，1998，《廣告文案》，台北：五南。

張美惠譯，1998，《EQ》，台北：時報文化。

莊安祺譯，2003，《感官之旅》，台北：時報文化。

莊淑芬譯，1887，《廣告大師奧格威——未公諸於世的選集》，台北：天下文化。

莊惠琴譯，1989，《COPY文案企劃：創意與演練》，台北：朝陽堂。

莊靖譯，2002，《課堂外的觀點：激發成功事業的原創思維》，台北：商智文化。

陳文玲，田若雯譯，1998，《顛覆廣告：來自法國的創意主張與經營策略》，台北：大塊文化。

陳尚永、洪雅惠、蕭富峰編譯，2002，《廣告學》，台北：華泰。

陳貽寶譯，1998，《文化研究》，台北：立緒。

黃文博譯，1986，《如何寫好廣告文案》，台北：國家出版社。

John Gary原著，黃孝如譯，2002，《相愛到白頭：建立親密的夫妻關係》，台北：天下文化。

黃葳威，2004，《閱聽人與媒體文化》，台北：揚智。

郭泰，1995，《大企劃力：企劃人的最佳入門書》，台北：實學社。

許安琪著，2004，《綜效與整合行銷傳播研究》，台北：揚智。

許安琪著，2001，《整合行銷傳播引論：全球化與在地化行銷大趨勢》，台北：學富。

曾偉楨編譯，1992，《導演功課》，台北：遠流。

黑幼龍，2003，《贏在影響力：卡內基人際關係九大法則》，台北：天下文化。

朝陽堂編輯部譯，1995，《品牌經營：如何創造品牌資產》，台北：朝陽堂。

David A. Aaker & Erich Joachimsthaler原著，新華出版譯，2001，《品牌領導》，北京：新華出版社。

楊梨鶴，1992，《文案自動販賣機：第一本本土廣告文案寫作指南》，台北：商周文化。

齊若蘭譯，2002，《我悲觀，但我成功：負面思考的正面威力》，台北：遠流。

蔡文英譯，2002，《發現我的天才：打開34個天賦的禮物》，台北：商智文化。

廖誼怡譯，1999，《品牌至尊：利用整合行銷創造終極價值》，台北：麥格羅希爾。

劉美琪、許安琪、漆梅君、于心如著，2000，《當代廣告：概念與操作》，台北：學富。

劉毅志編譯，1985，《廣告人與創意》，台北：天一圖書。

劉錦秀譯，出井伸之著，2002，《觀點：SONY出井伸之顛覆日本傳統的管理手法》，台北：商周。

謝文雀編譯，2000，《行銷管理：亞洲實例》，台北：華泰。

謝君白譯，1996，《水平思考法》，台北：桂冠圖書。

John Gary原著，蕭德蘭譯，1995，《親愛的，為什麼我不懂你？》，台北：天下文化。

Eliyahu & Goldratt原著，蕭德蘭譯，2002，《目標──簡單而有效的常識管理》，台北：天下文化。

鍾琴譯，1996，《思考遊戲》，台北：桂冠圖書。

英文部分

Benginger, B. (1998), The Copy Workshop Workbook.

Black, K. & Murray, G. (1989), Kid Vid: Fun-damentals of video instruction, AZ: Zephyr Press.

Block, P. (1996), Stewardship: Choosing Service over Self-Interest, San Francisco: Berrett-Koehler Publishers.

Boostrom, R. (1993), Developing Creative & Critical Thinking: an integrated approach, IL: NTC Publishing Group.

Burton, P. W. (1991), Advertising copywriting (Sixth Edition), Lincolnwood, IL: NTC Publishing Group.

Denvir, B. (1987), Encyclopedia Of Impressionism, NY: Thames and Hudson Inc.

Duncan T. (2002), IMC: Using advertising & Promotion to build brands, New York: McGraw-Hill.

Gardner, M. (1978), Aha! Insight, Scientific American, Inc.

Jewler, A. J. (1995), Creative Strategy in Advertising, Wadsworth Publishing Company.

Johnson, S. (1993), Who Moved My Cheese? NY: G. P. Putnam's Sons.

Katzenbach, J. R. & Smith, D. K. (1993), The Wisdom of Teams: Creating the High-Performance Organization, Harvard Business School Press.

Kofuji, H. (1988), Musing, Printed in Japan.

Lois, G. (1993), What's The Big Idea? How to Win With Outrageous Ideas (That Sell!!), NY：Penguin Books.

Moriarty, S. E. (1991), Creative Advertising: Theory and Practice, NJ: Prentice-Hall International Editions.

Pohlman, R. A. & Gardiner, G. S. (2000), Value Driven Management, NY: AMACOM.

Pool, P. (1987), Impressionism, NY: Thames and Hudson Inc.

Rise, A. (1996), Focus: The future of your company depends on It, New York: Harper Business.

Schultz, D. E., Tannenbaum, S. I., & Lauterborn, R. F. (1993), Integrated Marketing Communications, Chicago: NTC Publishing Group.

White, R. (1993), Advertising: what it is and how to do it, McGraw-Hill.

國家圖書館出版品預行編目資料

廣告創意：概念與操作／許安琪，邱淑華著.
-- 初版 .-- 臺北市：揚智文化，2004〔民93〕
面： 公分.--（廣告公關；1）
參考書目：面

ISBN 957-818-642-8（平裝）

1. 廣告 2. 創意

497 93010913

廣告創意：概念與操作

作　　者／許安琪、邱淑華
出 版 者／揚智文化事業股份有限公司
發 行 人／葉忠賢
總 編 輯／林新倫
執行編輯／陳怡華
登 記 證／局版北市業字第1117號
地　　址／新北市深坑區北深路三段260號8樓
電　　話／(02)8662-6826
傳　　真／(02)2664-7633
郵撥帳號／19735365 葉忠賢
網　　址／http://www.ycrc.com.tw
E-mail／service@ycrc.com.tw
印　　刷／鼎易印刷事業股份有限公司
法律顧問／北辰著作權事務所 蕭雄淋律師
I S B N ／957-818-642-8
初版四刷／2012年9月
定　　價／新台幣320元